I0045781

VIE

DE

LA PRINCESSE DE POIX

NÉE BEAUVAU

929

8° L n 27
16445

A. Delacroix pinx.   ne les curieux   Lanchart sc.

ROSALIE CHARLOTTE ANTOINETTE LA FONTAINE DE NOAILLES

Veuve Charles de Noailles 18..

VIE

DE

LA PRINCESSE DE POIX

NÉE BEAUVAU

par

LA VICOMTESSE DE NOAILLES

–∞–

Iʳᵉ partie 1750-1809. — IIᵉ partie 1809-1833.

–∞–

PARIS

TYPOGRAPHIE DE CH. LAHURE

Imprimeur du Sénat & de la Cour de Caffation
rue de Vaugirard, 9

—

M DCCC LV

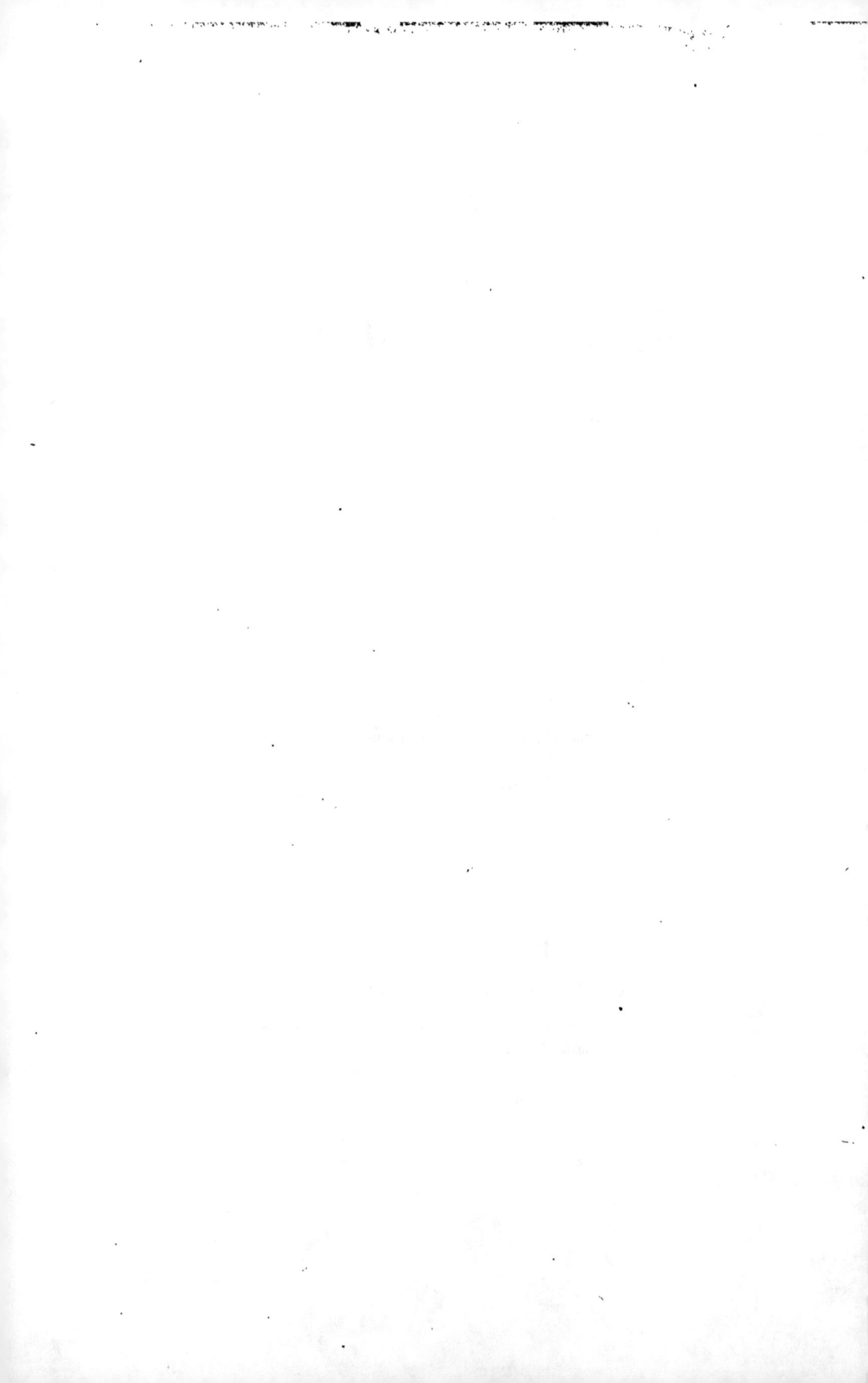

AVANT-PROPOS.

Ces fouvenirs n'étaient pas deftinés à l'impreffion. Ma mère les a écrits pour fon plaifir, & furtout pour le nôtre, afin de retracer un temps dont elle était la plus gracieufe image.

Jamais elle ne m'avait exprimé une volonté fur l'avenir de cet écrit. Libre de le publier, je l'offre avec confiance, je dirai même avec confolation, au petit nombre d'efprits dignes de l'apprécier, perfuadée qu'en fermant le livre ils fauront mieux ce que j'ai perdu.

La Ducheffe DE MOUCHY.

MA

GRAND'MÈRE.

PREMIÈRE PARTIE.

1750 — 1809.

MA grand'mère était née en 1750 : fa mère était Bouillon & un immenfe parti : fon père, prince, enfuite maréchal de Beauvau, prince de l'Empire, grand d'Efpagne de la première claffe, capitaine des gardes du corps de Louis XV, chevalier des ordres du Roi, & comman-

A

dant en Languedoc, était beau, diftingué militairement & chef d'une famille illuftre entre les plus anciennes. (Henri IV defcend d'une Beauvau.)

A l'époque de la naiffance de ma grand'-mère, la famille de fon père était toute-puiffante en Lorraine. Le prince de Craon, père de M. de Beauvau, fut jufqu'à fa mort premier miniftre & favori du grand-duc de Tofcane, d'abord duc de Lorraine & père de l'empereur d'Allemagne, époux de Marie-Thérèfe. La beauté de la prin-ceffe de Craon, née Lignéville, ne nuifait pas, dit-on, au crédit de fon mari; ma grand'mère s'en défendait faiblement. Son grand-père méritait, au refte, la faveur de fon fouverain. Il était habile, prudent, & de plus fort aimable; il fut toute fa vie un excellent mari. Sa belle & célèbre époufe lui donna vingt-deux enfants. La faveur de M. de Craon attacha fa famille à la Lor-raine, & elle mérita cette même faveur auprès du roi Staniflas. Le père de ma

grand'mère était un grand seigneur éclairé
pour son temps, bon militaire, digne dans
son maintien, mesuré dans ses discours,
honorable dans toutes ses relations de
cour, de famille & de société. Du reste,
grand philosophe, comme presque tous
les beaux esprits de son époque, passionné
pour Voltaire, académicien zélé & gram-
mairien jusqu'au purisme, d'un esprit sé-
rieux & un peu aride, mais adorant l'esprit
partout & sous toutes les formes. Son
maintien grave & froid rendait son silence
imposant; sa figure était belle & de la
plus parfaite noblesse, sa politesse exquise.
Enfin, il y avait dans toute sa personne un
mélange de sagesse & de galanterie qui lui
attirait le goût des femmes, & l'estime des
hommes. Sa première femme (Mlle de
Bouillon) l'aima sans lui plaire; elle était,
à ce que j'ai ouï dire, bonne, gaie, igno-
rante & d'une simplicité tout aimable.

Elle mourut jeune & ma grand'mère
resta fille unique à treize ans. Naturelle-

ment elle dut entrer au couvent. L'usage
de ce temps aimable & frivole était de
confier l'éducation des filles au couvent
depuis l'enfance jusqu'au mariage. Personne n'avait ou ne croyait avoir le temps
d'élever ses enfants; d'ailleurs, sur plu-
sieurs filles, il y en avait toujours quelqu'une destinée à entrer en religion, &
que, par conséquent, il fallait éloigner du
monde avant qu'elle pût le regretter. Cet
usage a été vivement attaqué dans le siècle
dernier; mais, comme il arrive souvent,
l'abus avait cessé quand la plainte a commencé. Sans doute, à des époques plus
reculées, on a vu des religieuses malgré
elles, & des parents cruels sacrifier le reste
de leurs enfants à l'établissement de l'aîné.
Ces exemples, depuis une centaine d'années, étaient de plus en plus rares; ils
étaient à peu près finis, quand la philoso-
phie a commencé à les proscrire; la douceur des mœurs seule en avait fait justice,
comme de tant d'autres abus. Et quant

aux religieuses qui faisaient souvent partie de familles trop nombreuses, j'avoue que je ne suis pas bien sûre qu'une jeune fille mise en naissant dans une communauté qui devenait sa famille, & où elle vivait sans regret, puisqu'elle ne connaissait pas mieux, ne fût pas à la fois plus heureuse & plus dignement placée que ces vieilles filles des pays protestants qui se traînent dans le monde jusqu'à la mort sans position définie, prétendant toujours au mariage, ce qui les rend alternativement malheureuses & ridicules.

La santé de ma grand'mère l'avait longtemps préservée de l'entrée au couvent : son enfance avait été délicate ; avec un visage charmant, elle avait une jambe faible par suite de convulsions, & deux voyages à Baréges ne purent la guérir complétement. Elle resta un peu boiteuse ; ce malheur à peine perceptible dans sa jeunesse, s'accrut plus tard par l'âge & les maladies.

Ce fut à Port-Royal qu'on la mit. Quel

changement dans le fort de cette heureufe
enfant! La vie de la cour de Pologne,
fous le bon roi Staniflas, était douce &
gaie comme chacun fait; la famille de ma
grand'mère y était nombreufe & brillam-
ment placée; monfieur fon père en eût
été le maître, s'il eût voulu y refter, mais
fon amour pour l'état militaire l'attirait
aux armées; plus tard, il fe fixa à la cour,
Louis XV l'ayant diftingué & comblé de
faveurs. Ses fœurs reftées à la cour de
Pologne en faifaient la joie & l'ornement.
La marquife de Boufflers; fon fils, le chevalier; la maréchale de Mirepoix, d'abord
princeffe de Lixin; la princeffe de Chi-
may; le prince de Craon, frère de M. de
Beauvau, tant d'autres dont Voltaire &
Mme du Châtelet n'étaient pas des moins
célèbres, vivaient à Lunéville avec leur
excellent prince dans les relations les plus
tendres, les plus gaies, je dirai quelquefois
les plus folles.

Les tantes de ma grand'mère étaient

toutes fpirituelles; il y en avait de déli-
cieufes, & toutes avaient un cachet d'originalité unique. C'eft de l'une d'elles que
M. de Saint-Lambert écrivait : *Nous avons
diné chez Mme de Boufflers, où nous fommes
morts de faim, de froid & de rire.* Il n'y
avait de férieux à Lunéville que M. de
Beauvau; auffi fes fœurs, tout en l'adorant, reftaient avec lui dans le refpect timide dû au chef de la famille. Ma grand'-
mère partageait cette impreffion, & je lui
ai entendu dire qu'à aucune époque de la
vie cette glace ne s'était rompue. Au moment dont je parle, elle était la plus jolie
enfant du monde; déjà même elle était
aimable, & fon vifage annonçait tout ce
qu'il a été depuis. Gâtée par fa famille dès
fa naiffance, elle trouva moyen de l'être
au couvent, parce que fes défauts mêmes
étaient féduifants. Elle en conferva donc
quelques-uns, fi on peut donner ce nom
aux mouvements trop vifs d'une nature
admirable. Ma grand'mère était née avec

une adorable bonté; elle était, dans sa première jeuneffe, généreufe, exaltée jufqu'à
l'enthoufiafme, violente, parce qu'on ne
l'avait jamais réprimée; dévouée aux plus
nobles fentiments, mais impatiente de
toute contradiction; à la fois colère jufqu'à
la déraifon, & touchante dans fon repen-
tir, quand elle pouvait craindre d'avoir
bleffé : je ne puis me figurer à quel degré
de perfection elle fe fût élevée, fi elle eût
eu le bonheur de recevoir une éducation
éclairée. Je ne fais fi nous devons le regretter, fon organifation était fi belle qu'il eût
été dommage d'en réprimer l'effor, & d'ôter
ainfi au jeu de fes nobles facultés l'originalité de leurs premiers mouvements. L'éducation publique ne difciplina que les actions
extérieures de fa vie, & laiffa tout entière
l'indépendance de fes idées & le dévelop-
pement de fes fentiments. Ce fut donc
avec le fecours de fes feules réflexions &
de l'élévation de fon âme qu'elle devint la
plus aimable perfonne de fon temps, &

une mère de famille auſſi vertueuſe que
reſpectée à une époque où le mérite était
trop ſouvent ſéparé de l'agrément. Je l'ai
entendue ſouvent parler avec plaiſir de ſon
couvent : ſa jeune ſenſibilité s'y était exer-
cée avec bonheur. Elle aimait à rappeler
que les belles qualités de ſes compagnes de
prédilection avaient par la ſuite juſtifié tous
ſes choix. Mlles de Poyane ¹, de Boufflers ²,
de Gramont ³, devinrent ſes amies intimes
après avoir été ſes camarades dévouées. La
mort ſeule a pu les ſéparer.

Le premier événement de la vie de ma
grand'mère fut le ſecond mariage de ſon
père. Il aimait, déjà du vivant de ſa femme
(c'était preſque un uſage alors), une perſonne d'un agrément & d'un mérite ſupé-
rieurs, Mme de Clermont née de Rohan
Chabot, qui perdit ſon mari deux ans avant
la mort de la princeſſe de Beauvau. Celle-

1. Depuis ducheſſe de Sully.
2. Depuis ducheſſe de Lauzun.
3. Depuis vicomteſſe d'Offun.

B

ci difait dans fa dernière maladie : *L'étoile de Mme de Clermont me tuera.* Cette étoile fut la petite vérole qui l'emporta à l'âge de trente-trois ans. Je n'ai jamais fu à quelles extrémités s'était portée la douleur de notre bifaïeul ; je crois pourtant qu'il attendit plus qu'il n'y était ftriétement obligé le moment de s'unir à celle qu'il aimait & dont il était adoré. Cette affeétion mutuelle ne finit qu'avec eux. Leur union fut du petit nombre de celles qui démentent l'affertion de La Rochefoucauld, *qu'il n'y a pas de mariage délicieux.* Celui-là fut jufqu'à la mort l'envie & l'exemple des époux de tout âge. J'en ai ouï raconter les plus touchants détails. Ce n'était malheureufement pas une union chrétienne, leur temps ne le comportait guère. C'était une de ces combinaifons délicates par lefquelles deux âmes élevées cherchent la félicité dans la vertu ; le devoir était pour eux un fyftème, & non un principe ; c'était enfin un bonheur tout épicurien. Les efprits médiocres arrivent au même but à l'aide de la foi religieuse, & leurs joies ne finissent pas avec ce monde.

Ma grand'mère fut tout d'abord outrée de cette union; elle aimait sa mère, elle avait un esprit vif & précoce, un caractère fier; elle résolut de haïr sa belle-mère, & la vit avec le parti pris de ne pas s'y attacher.

Cette spirituelle belle-mère, qui par un heureux hasard n'eut jamais d'enfants, fut séduite par l'impétueuse jeune fille qui ne prenait pas la peine de se dominer avec elle; elle devina tous ses charmes, voulut lui plaire, & réussit si bien, que ma grand'mère prit immédiatement pour elle un attachement passionné. Toutes deux se convenaient avec des mérites contraires; ma grand'mère, vive jusqu'à la violence, tour à tour folle de gaieté, de colère ou de tendresse, & toujours charmante à quelque impression qu'elle se livrât, était pour sa belle-mère un spectacle piquant en même temps qu'un vif intérêt, tandis que la sage

perfection de Mme de Beauvau infpirait à
fa belle-fille une admiration qui tenait de
l'enthoufiafme. Ces relations ont duré jufqu'à la mort de Mme de Beauvau fans alté-
ration ni ralentiffement.

Les gens qui n'aimaient pas Mme de
Beauvau difaient que fa tendreffe pour fa
belle-fille n'allait pas jufqu'à dominer fon
orgueil, & qu'elle avait eu la faibleffe de
faire manquer de grands mariages qui l'euffent placée plus haut qu'elle. La parenté de
ma grand'mère avec les maifons de Bouillon
& de Lorraine (fa grand'mère était Guife)
la mettait au niveau des plus grandes exi-
ftences du temps. Il fut queftion pour elle
un moment d'époufer le prince de Marfan,
beaucoup plus âgé qu'elle; mais l'écuffon
de Lorraine prêtait des charmes à ce pauvre
prince dont on difait qu'il avait *l'air d'une
chandelle qui coule*. Ce mariage, comme
bien d'autres, manqua, & il advint que
notre arrière-grand-père, le maréchal duc
de Mouchy, frère du maréchal de Noailles

(célèbre par fes bons mots), compléta fa belle exiftence en obtenant la main de Mlle de Beauvau pour fon fils aîné, le prince de Poix. Cette branche cadette de notre famille était vraiment écrafée de félicités dans tous les genres, & ce qui était au moins auffi rare que tant de bonheur, c'eft qu'il était mérité. Notre arrière-grand-père était un modèle de toutes les vertus de fon état, & un modèle comme fon temps n'en offrait guère. Il eut même plus à combattre qu'un autre pour devenir & refter ce qu'il était. Être auftère dans fa vie privée, fage dans fa dépenfe, actif dans tous fes emplois, & conferver toute fa vie l'amitié la plus tendre de fon fouverain, quand ce fouverain était Louis XV, eft, j'ofe le dire, une épreuve notoire. Il avait époufé une héritière confidérable, Mlle d'Arpajon, la dernière de la famille, qui lui avait apporté, avec une grande naiffance & une belle fortune, une vertu rigide & un dévouement qui la conduifit à l'échafaud avec lui. C'était une digne & pieufe mère de famille, dont l'unique & innocente faibleffe était un refpect minutieux pour les anciens ufages qui lui mérita, dans la jeune cour de Marie-Antoinette dont elle fut un moment dame d'honneur, le fobriquet de *Mme l'Éti-quette*.

Ce qui fit de ma grand'mère la belle-fille de cette grave perfonne fut le fâcheux état des affaires de M. de Beauvau. Malgré fa grande fortune & fa charge de capitaine des gardes, la mauvaife adminiftration de fes affaires & la repréfentation à laquelle il s'était vu obligé en Languedoc (M. de Choifeul, en l'y envoyant, lui dit : *Je n'ai d'autre ordre à vous donner que de tout jeter par les fenêtres*) l'avaient mis momentanément dans un véritable embarras. Il lui fut donc utile & agréable de donner fa fille à un parti affez riche pour pouvoir traiter avec lui de fa charge de capitaine des gardes moyennant huit cent mille francs que mon grand-père paya tant au roi qu'à fon beau-père. Ma grand'mère, à dix-fept ans, jolie, pleine d'efprit & de vivacité, développée, intelligente comme on l'était rarement jadis en fortant du couvent, époufa donc un garçon de quinze ans, gâté jufqu'à la folie & fi petit pour fon âge qu'il fallut, le jour de fes noces, l'affeoir fur une grande chaife pour qu'il fût au niveau de fa femme. J'ai toujours regardé cette union comme une des plus abfurdes de ce temps, où c'était prefque un ufage; le bon naturel des deux époux en furmonta les dangers, mais à mon avis n'excufe pas les parents.

J'ai ouï dire qu'il était impoffible à cette époque d'être plus charmante que n'était ma grand'mère. Je ne l'ai vue que privée de tous les agréments de la jeuneffe, & cependant j'ai parfaitement compris le charme dont elle était douée. A quatre-vingt-quatre ans, aveugle & fouffrante, elle était encore ce qui s'appelle *jolie*. L'âge a refpecté en elle, jufqu'à fon dernier jour, une délicateffe dans les traits & un agrément dans

leurs mouvements, uniques à mes yeux.
Son nez était aquilin, mais délicat; fes
yeux noirs & très-couverts. Avant qu'elle
eût perdu la vue, ils femblaient lancer du
feu; mais ce qui était fans égal, c'était fa
bouche : la bonté, l'intelligence, la fierté,
& par-deffus tout un fens exquis du goût
s'y manifeftaient avec autant de force que
de grâce. Après la perte de fes yeux, toute
l'expreffion de fa figure s'était concentrée
dans la bouche : elle avait encore mille fois
plus de phyfionomie que perfonne. On dit
que, dans la première jeuneffe, elle joignait
à tant de féduétions une extrême fraîcheur;
fes cheveux étaient noirs, & n'ont jamais
blanchi. Son col & fa gorge étaient fu-
perbes; enfin, malgré les imperfeétions de
fa taille, elle était fi brillante de tous les
éclats dont la jeuneffe peut éblouir, qu'un
vieux débauché de fon temps, M. d'Étréan,
qui avait dans fa vieilleffe le fobriquet du
père, difait un jour en la regardant : *Si on
pouvait l'acheter, je la couvrirais d'or*. Toute

ſa perſonne, quoique irrégulière, était noble & même gracieuſe. Il y avait de l'originalité dans ſes geſtes, comme dans ſes expreſſions : maladroite en toute choſe, cette gaucherie lui ſeyait; mais ce qui dominait & illuminait pour ainſi dire tous ces agréments, c'était une nature élevée, généreuſe, grande, ſi j'oſe le dire, qu'on ſentait à tout moment au travers de ſa gaieté même, & qui inſpirait à tout le monde l'attrait, l'admiration & la confiance.

Je ne veux pas oublier, à propos du mariage de ma grand'mère, celui qu'elle avait manqué étant encore à Port-Royal, & qui probablement eût été moins heureux, quoiqu'en apparence mieux aſſorti, avec le duc de Lauzun, ſi connu par ſes agréments & ſa légèreté, ainſi que par ſa triſte fin, qu'avaient précédée tant de ſuccès de ſociété. Il a conſacré ceux-ci dans de pitoyables mémoires qui montrent où peut arriver le caractère d'un homme qui s'eſt fait une ſérieuſe ambition des ſuccès de femmes.

C

Funeſte émulation! trop commune alors,
& qui a malheureuſement influé ſur beaucoup d'hommes de cette époque. Ils ſubiſ-
ſaient, à leur inſu, une ſorte de transforma-
tion ſéduiſante, mais fatale à la raiſon. On
trouvait chez eux des mérites & des inconvénients féminins, cette envie de plaire
conſtante & univerſelle, cette mobilité vive
qui donne de l'intérêt à tout, mais un dé-
faut de ſuite & une abſence de réflexion, fu-
neſtes dans la conduite des affaires de la vie.
Pour en revenir à M. de Lauzun, il ren-
contra ma grand'mère au parloir où il allait
faire ſa cour à ſa prétendue, Mlle de Boufflers. Ma grand'mère était amie intime de
celle-ci : on peut juger de ſon indignation en
recevant une déclaration par écrit du fiancé
de ſon amie qui ſollicitait ſon aveu pour
rompre l'union projetée, & la demander à
ſes parents. Elle eut horreur de la propoſi-
tion du duc, & lui renvoya immédiatement
ſa lettre recachetée. Il lui garda rancune,
& s'en vengea en faiſant le malheur de

Mlle de Boufflers. Cette dernière avait la faibleſſe d'adorer ſon mari, mais la dignité de le cacher à tout le monde. Elle était grande, bien faite, extrêmement fraîche ; mais de gros yeux qui n'y voyaient pas, & où il était impoſſible de démêler tout ce qu'elle avait de mérite & d'eſprit, la déparaient un peu. Ma grand'mère l'a aimée toute ſa vie avec une affeƈtion qui tenait du reſpeƈt. Mme de Biron était en apparence différente de ſon amie, mais il n'y avait entre elles que ces diſſemblances qui ravivent l'intimité. Mme de Biron pure, délicate, extrêmement timide, d'un caraƈtère doux & ſage, ne laiſſait voir que dans l'intimité un eſprit auſſi élevé qu'original. Ma grand'mère la comparait à une héroïne de roman anglais, avec d'autant plus de raiſon que les goûts de Mme de Lauzun avaient devancé l'anglomanie qui commençait à poindre. La langue anglaiſe lui était familière comme la ſienne propre. La littérature de ce pays faiſait ſes délices ; elle la fit

aimer à ma grand'mère, la plus chérie de
fes amies, & le centre habituel de ce petit
cercle choifi dont j'ai vu les débris, & dont
je regrette aujourd'hui d'avoir fenti le
charme.

La fociété françaife des derniers jours de
Louis XV & du commencement du règne
fuivant eft, à mon avis, la combinaifon la
plus exquife de tous les perfectionnements
de l'efprit, & furtout du goût. Les hardieffes de la philofophie, devenues plus tard
des inftruments de deftruction, n'étaient
alors que des ftimulants pour la penfée.
Voltaire, dont notre révolution eût fait le
défefpoir (car jamais efprit ne fut à la fois
plus ariftocratique & plus libéral), excitait
fes difciples de cour à mêler aux difcuffions littéraires l'examen de l'état focial de
leur époque; ce puiffant intérêt, tout nouveau pour des efprits légers, les élevait à
leurs propres yeux, en même temps qu'il
ouvrait à leur curieufe ardeur un champ
inconnu & fans bornes. Quel charme dans

ces réunions du commencement de notre
terrible révolution où les intelligences di-
ftinguées, les âmes généreufes de toutes les
claffes fe réuniffaient dans le défir du bien!
J'ai toujours penfé qu'un homme de génie
arrivant aux affaires eût tiré le plus magnifique parti de tous les éléments qui fermen-
taient alors. Si Napoléon eût été à la place
de l'archevêque de Sens, il eût recommencé
en 1789 les conquêtes de Louis XIV, ou
réalifé les rêves de nos meilleurs princes.
Que de beaux faits d'armes n'euffent pas
illuftré cette jeune nobleffe qui courait en
Amérique malgré fon roi! que de talents
perdus dans nos premières affemblées auraient réformé l'adminiftration ou relevé la
magiftrature! Cette première époque de
notre révolution eft celle d'une grande in-
juftice envers la jeuneffe de la haute claffe.
On s'obftine encore aujourd'hui à la repré-
fenter fous des traits qu'elle n'avait plus, &
on la calomnie malgré l'évidence des faits.
La philofophie n'avait point d'apôtres plus

fervents que les grands feigneurs. L'horreur des abus, le mépris des diftinctions héréditaires, tous ces fentiments dont les claffes inférieures fe font emparés dans leur intérêt, ont dû leur premier éclat à l'enthoufiafme des grands, & les élèves de Rouffeau & de Voltaire les plus ardents & les plus actifs étaient plus encore les courtifans que les gens de lettres. L'exaltation chez quelques-uns allait jufqu'à l'aveuglement. Les imaginations vives fe flattaient de voir réalifer les plus belles chimères, ou fe dépouillaient avec fatisfaction de ce qu'on croyait abufif, penfant naïvement s'élever ainfi à une hauteur morale que les maffes auraient la générofité de comprendre & de refpecter. Enfin, comme l'aftrologue de la fable, on tombait dans un puits en regardant les aftres.

En attendant la cataftrophe, la fociété était délicieufe; la diverfité des manières de voir, la vivacité des efpérances ou des inquiétudes, la nouveauté des objets d'intérêt, y imprimaient un mouvement fans exemple. Tous les efprits s'y montraient fous un jour imprévu.

Le falon de ma grand'mère était au premier rang de ces brillantes réunions. Là plus qu'ailleurs le goût ancien était l'interprète élégant des idées nouvelles. Dans d'autres fociétés, l'effroi des innovations interdifait le progrès, ou bien l'amour des nouveautés favorifait une hardieffe d'idées funeftes à la raifon & au goût. Ma grand'mère, comme tous les efprits fupérieurs, accueillait les chofes & les perfonnes, en leur confervant leur place. Sa fanté ne lui permettait guère dès lors de fortir de chez elle. Le bonheur d'être mère de deux fils tendrement aimés, & qui firent les délices de la dernière moitié de fa vie, fut attrifté pour elle par une maladie, fuite de fes fecondes couches & qui la rendit infirme avant l'âge. Elle fut à vingt-trois ans privée de l'ufage de fes jambes pendant longtemps, & ne s'en remit jamais affez pour

reprendre les habitudes de la fanté. Cette
fituation fédentaire fut en elle un nouveau
charme pour fes amis qu'elle raffemblait
autour d'elle dans des réunions intimes &
charmantes. Son efprit déjà cultivé le devint encore plus; elle lut énormément.
Comme toutes les perfonnes d'efprit à cette
époque, elle dévora toutes les œuvres nouvelles, produits brillants & dangereux de
cette fièvre philofophique qui précéda le
délire révolutionnaire; mais plus fage que
bien d'autres, fon efprit fut promptement
défenchanté par les premiers effets de la
révolution d'idées dont le bouleverfement
des fituations devint la trifte conféquence.
Ma grand'mère fut la première dans fa fociété qui mefura l'abîme où fon pays fe
précipitait. Notre tante d'Hénin, notre
tante de Teffé, toutes deux parentes &
amies de ma grand'mère, enthoufiaftes
(comme elle le fut d'abord elle-même) de
M. de La Fayette, de M. Necker, & eni-
vrées de toutes ces féduifantes innovations

qui charmaient les belles âmes & les têtes
vives, y reſtèrent toute leur vie attachées.
Ma grand'mère les repouſſa même avant
d'en voir l'effet. Sa droiture naturelle avait
pénétré les odieuſes paſſions au profit deſ-
quelles la prétendue régénération du pays
devait s'accomplir. Elle ne garda de ſes im-
preſſions de jeuneſſe que l'affection pour
les perſonnes qui avaient l'imprudence d'y
perſévérer. Sa liaiſon avec Mme de Staël,
par exemple, ne finit qu'à la mort de cette
dernière. Cette liaiſon n'était pas une intimité, mais elle était précieuſe & agréable
à toutes deux. Mme de Staël comme
M. Necker avait la paſſion de l'ariſtocratie;
les formes élégantes des gens de la cour la
ſéduiſaient peut-être plus que tout. Elle
les aimait avec une ſorte de faibleſſe, car
ces aimables dehors la trompèrent ſouvent
ſur le mérite de certains eſprits qui n'en
avaient guère d'autre. Elle était ſincère-
ment attachée à ma grand'mère, dont la
grâce piquante la raviſſait. Rien de plus

D

charmant pour les affiftants que leurs converfations. Ma grand'mère plaifantait déli-
catement Mme de Staël fur les illufions
généreufes qui égaraient parfois fon génie,
& Mme de Staël jouiffait de cette gracieufe
familiarité qui la mettait toujours à fon
avantage. Quant à l'intimité de ma grand'-
mère, elle fe compofait, comme je l'ai dit
plus haut, de liaifons d'enfance & de jeuneffe. Succeffivement elle s'augmenta de
quelques relations nouvelles qui ne varièrent plus. La mort lui avait enlevé à vingt
ans Mme de Sully, fa première amie de
couvent. Il lui reftait la ducheffe de Lauzun, la ducheffe de Bouillon, née princeffe
de Heffe, que je n'ai connues toutes deux
que par les récits de leur extrême amabilité,
& la princeffe d'Hénin avec qui j'ai paffé
une grande partie de ma jeuneffe. J'ai vu
en elle une chaleur & une vivacité qui
étonneraient bien aujourd'hui. Notre tante
(M. d'Hénin était coufin germain de ma
grand'mère) avait été belle, à la mode, &

je penfe, un peu coquette. A ce dernier fait
près, l'âge n'avait rien changé en elle. Sa
figure refta noble & agréable jufqu'à la fin
de fa vie, & fon caractère ne fubit pas plus
de modification. C'était une perfonne toute
de mouvement. Je n'ai jamais rien vu de fi
vif; quand la difpute s'échauffait entre elle
& mes parents, je ne pouvais m'empêcher
de trembler pour eux. Les cris, les inter-
ruptions, les démentis, les forties furi-
bondes en brifant les portes, tout faifait
croire qu'ils ne fe reverraient de leur vie!
Il eft vrai que le moment d'après on riait
de foi & des autres, & on ne s'en aimait que
mieux. Le nom de fille de notre tante était
Mauconfeil; fa mère était une belle femme,
de beaucoup d'efprit, qui avait époufé un
vieux mari, dont j'ai ouï conter qu'il avait
été page de Louis XIV; il en gardait l'immenfe fouvenir d'avoir un jour brûlé la
perruque du grand roi avec fon flambeau.
Mlle de Mauconfeil, fille unique, riche,
très-jolie, & paffablement enfant gâté,

époufa le prince d'Hénin, fils d'une Beauvau, fœur du père de ma grand'mère; ce
fut l'origine de leur liaifon. Elle fut dame
du palais de la reine, extrêmement à la
mode, & refta toute fa vie volontaire, im-
pétueufe, irafcible, mais avec tout cela fi
bonne, fi généreufe, fi dévouée à fes amis,
& aux plus nobles fentiments, & puis fi
fpirituelle, & par fuite de fon extrême naturel, fi parfaitement originale, qu'elle excitait conftamment l'affe6tion, l'admiration
& en même temps la gaieté. Sa réputation
fut attaquée en deux occafions, d'abord au
fujet du chevalier de Coigny, & enfuite du
marquis de Lally-Tollendal. La première
de ces médifances fut à peine fondée, la
feconde devint refpe6table, car il s'enfuivit
une amitié dévouée qui dura jufqu'à la
mort de ma tante, devenue fort pieufe plufieurs années avant fa fin.

Je n'ai jamais vu la duchefle de Bouillon,
morte pendant ma première enfance, ni
une autre amie dont mes deux familles

confervaient un profond fouvenir : c'était
la ducheffe de Gramont, fœur du duc de
Choifeul, le miniftre. Le frère a été diverfement jugé par les écrivains de fon temps :
il eft maintenant du domaine de l'hiftoire,
& quoi qu'on puiffe lui reprocher, il fe
détache certainement avec avantage de ce
trifte cortége de médiocrités qui finit par
envahir les dernières années de Louis XV.
Ce que je fais, c'eft qu'il avait infpiré à ma
grand'mère & à fa fociété, un dévouement
paffionné : or il y a toujours quelque chofe
dans les gens qui produifent de tels effets
fur des efprits pénétrants & des caractères
élevés. Je n'ai jamais ouï parler de lui à
mes parents fans une forte de fanatifme.
Tous les mémoires du temps racontent
l'empreffement tourné à la fureur d'aller
confoler fa difgrâce; il n'eft pas exagéré de
dire que Verfailles fut défert au moment de
fon exil. (On doit remarquer, à l'avantage
du roi, que perfonne n'était mal reçu au
retour.) Le féjour de Chanteloup fut une

cour plus brillante, & furtout plus aimable que celle du fouverain. La ducheffe de Choifeul, douce, fpirituelle & vertueufe, conferva toute fa vie pour fon époux un dévouement fourd à toutes fes infidélités. M. de Choifeul le payait par un tendre refpect, mais fa confiance politique était toute pour fa fœur, douée d'une âme forte & d'un efprit fupérieur. Cette fœur ambitieufe & active a été jugée diverfement. C'eft tout fimple; elle n'était pas une perfonne ordinaire, & fa pofition eût fuffi pour lui faire des ennemis. Ce que j'ai recueilli de mes deux grand'mères qui avaient toutes deux vécu dans fon intimité, c'eft qu'elle ne pouvait être vue avec indifférence; fes défauts & fes qualités étaient faillants, fa place les mettait en évidence. Ce qui m'eft refté de ce que j'ai ouï dire, c'eft qu'elle avait tous les avantages de fes inconvénients; c'eft-à-dire de la hauteur, mais une âme élevée; une ambition ardente, mais un cœur généreux; une volonté

impérieuſe avec une ſenſibilité qui allait
juſqu'au dévouement. Ces ſortes de caractères ne ſont guère ce qui s'appelle popu-
laires, mais ils ont des amis paſſionnés, de
chauds partiſans, & des ennemis acharnés.
C'était le cas pour Mme de Gramont. Arrivée à Paris du fond d'un chapitre de Lorraine (Remiremont), laide & pauvre, ma-
riée à un libertin qu'elle connut à peine,
elle ſut prendre autour d'elle, par la ſupé-
riorité de ſon eſprit, la force de ſon caractère & ſurtout la chaleur de ſon cœur, un
empire reſtreint, mais abſolu. Son frère le
ſubit par admiration & par reconnaiſſance,
& les amis de M. de Choiſeul ne la ſéparè-
rent jamais de lui dans leur attachement,
comme ſes ennemis dans leurs calomnies.

Mon Dieu, qu'on eſt injuſte pour ce
temps-là! Que la ſociété diſtinguée était
généreuſe, élevée, délicate! que de dévouement dans l'amitié, que de ſolidité dans
tous les liens! que de reſpect pour la foi
jurée dans les rapports les moins moraux!

Jamais le roman ne s'eft produit dans la réalité comme alors. Je fais bien que juftement c'eft un reproche, & un reproche fondé, à faire à cette aimable fociété, que ce manque d'aplomb moral qui laiffait un vague dangereux à la vertu; mais n'était-ce pas là l'efprit général du fiècle, & n'était-ce pas là la fource de tous les maux qui ont enfanglanté notre pays après l'avoir bouleverfé? Enfin, les bourreaux n'avaient-ils pas commencé par là, comme les victimes?

Toutes ces dames, à l'exception de ma grand'mère, étaient par le fait peu ou point mariées. Le duc de Bouillon, à moitié imbécile, enfoncé dans la plus ignoble crapule, était complétement étranger à fa femme. M. d'Hénin, confacré à Mlle Arnould & à Mlle Raucourt, comme tous les ouvrages du temps le racontent, voyait à peine la fienne. Mme de Lauzun, négligée par fon aimable & frivole mari, en gémiffait fecrètement, mais vivait entièrement féparée de lui. Ma grand'mère était la feule confidente de ce fentiment douloureux dont Mme de Lauzun fe cachait comme d'une affection coupable, & que fon mari a toujours ignoré, grâce à la dignité de fa femme & à la difcrétion de fon amie. Cette amie fe trouvait donc être la feule de fa fociété qui eût ce que nous appelons un intérieur; encore cet intérieur fe fondait-il plus fur l'amour maternel que fur le lien conjugal, qui ne put jamais devenir férieux entre mes parents. Mon grand-père, comme je l'ai dit plus haut, avait quinze ans lors de fon mariage, ma grand'mère dix-huit, & un efprit déjà très-développé. Ce petit mari lui parut comique, & toute leur vie s'en reffentit. Mon grand-père, gâté dès fa naiffance par fes vertueux & trop tendres parents, enfuite par fa fituation à la cour, par la faveur dont jouiffait alors notre famille, était plein d'idées juftes & de bons mouvements, mais fa vie n'était qu'une fuite de mouvements. La réflexion, le pouvoir fur lui-même, la patience, toutes ces chofes n'ont jamais pu

E

être à fon ufage même dans l'âge avancé.
Toute contradiction le rendait pour ainfi
dire fou. Heureufement fon cœur était excellent, & fon efprit fort droit. Il avait refpiré
dans fa famille un refpect pour la vertu qui
ne l'a jamais quitté; auffi n'avait-il réellement à fe reprocher que le défordre d'argent qui dans ce temps-là était prefque une
chofe générale. Quant à fa femme, il eut
beau devenir capitaine des gardes, gouverneur de Verfailles, être une efpèce de favori
de la famille royale, enfin·un très-grand
perfonnage pour toute autre qu'elle, fon
importance ne put jamais agir fur ma grand'-
mère. Elle fe piqua toujours envers lui des
plus nobles procédés quant à l'argent; elle
fut exemplaire dans fa conduite, mais il ne
lui infpira jamais qu'une affection prefque
maternelle. Il en était quelquefois piqué,
car il avait le bon goût de l'admirer. Elle en
plaifantait avec fes amies, de là des querelles
parfaitement rifibles. Je ne fais pas lequel
des deux était le plus colère; mais mon

grand-père était plus enfantin dans ſes rages, ce qui les rendait tout à fait bouf-fonnes. L'heureuſe gaieté de ces aimables perſonnes faiſait que tout ſe terminait par des éclats de rire; c'était gai, ſpirituel, amuſant, mais il faut être juſte, rien ne reſ-ſemblait moins au mariage & à ſa gravité.

Le caractère de la converſation dans la ſociété diſtinguée d'alors était la *chaleur*. Cette mode remontait à Diderot, & aux philoſophes. Elle était également odieuſe à la ſociété frivole de la cour & aux vieilles coteries antilibérales; mais les gens d'eſ-prit l'adoptaient, & les niais à leur ſuite. Auſſi un caractère réſervé, des manières froides, inſpiraient une ſorte d'indigna-tion. Il s'enſuivait parfois du ridicule chez les gens qui avaient plus de vivacité que de lumières, ou dans ceux qui ne poſſédant ni l'un ni l'autre, ſe battaient les flancs pour être *énergiques* & *brûlants;* ceux-là étaient de parfaits groteſques. Cependant rien n'était plus favorable à l'agrément de

la converſation, en mettant les amours-
propres à l'aiſe & en encourageant à l'é-
panchement. Ceux qui ſe ſentaient médiocres par l'eſprit comptaient ſur leur *âme*
pour faire effet; perſonne ne ſe permettant
d'être froid ſur rien, il n'y avait ni ſévérité
dans les jugements, ni aridité dans les en-
tretiens; aucun ſentiment ne reſtait calme,
aucune liaiſon tranquille; de là, toutes les
relations de la vie revêtaient une teinte ro-
maneſque qui, trop ſouvent, égarait les
imaginations exaltées. En tout, on ne peut
ſe diſſimuler que l'état exquis, mais factice
de la ſociété déplaçait les principes comme
les affections. On portait généralement plus
de dévouement dans les liaiſons de choix
que dans les relations du devoir ou de la
nature. La morale qui allait diminuant
parce qu'elle ne s'appuyait plus ſur la religion, commençait à s'égarer avant de s'a-
néantir; ainſi les vertus philoſophiques,
bien plus commodes à pratiquer que les
vertus chrétiennes en ce qu'elles laiſſent le

choix des facrifices, abufaient les âmes généreufes, & tranquillifaient celles qui ne
l'étaient pas. La fociété abondait en gens
qui manquaient du néceffaire en fait de principes, mais qui fe paraient d'un admirable
fuperflu : on ruinait fes enfants pour prêter
de l'argent à fes amis, ou pour fournir aux
extravagances d'un mari dont on n'était
l'époufe que de nom ; on donnait héroï-
quement fa fignature à tout le monde, &
on fe croyait fublime en fe dévouant publiquement à une paffion coupable. Enfin
tout était hors de fa place, en attendant
qu'il n'y eût plus de place pour rien. (Ce
défordre d'idées eft aujourd'hui defcendu
plus bas, & c'eft la fource de tous nos malheurs publics.) Ces triftes égarements n'at-
teignaient que de loin, ou partiellement, le
petit cercle choifi qui entourait ma grand'-
mère. Il y avait en elle une probité inftin-
ctive qui repouffait le mal, comme certaines odeurs arrêtent le mauvais air, &
rien de vraiment corrompu ne pouvait ar-

river à ſon intimité. Cette intimité, outre
les dames dont j'ai déjà parlé, ſe compoſait
de quelques hommes aimables & célèbres
par l'eſprit ou par l'élégance : le chevalier
de Coigny, le duc de Guines, le duc de
Liancourt, le prince Emmanuel de Salm,
amoureux toute ſa vie de Mme de Bouillon; M. de Lally, dans tout l'éclat de cette
éloquence qui lui valut la réhabilitation de
ſon père; plus tard, Mme de Simiane toute
brillante de beauté, ſes frères ſi élégants
(les trois Damas) & l'abbé de Monteſquiou. On ne retrouvera guère une com-
binaiſon plus attrayante que ce groupe
d'amis, tous plus ou moins diſtingués par
leurs lumières & leurs ſentiments, réunis
autour d'une perſonne comme ma grand'-
mère. Quand on ſe repréſente toutes ces
perſonnes placées dans les plus hautes con-
ditions de fortune & d'honneur, s'efforçant
à l'envi de s'en montrer dignes, qu'on ſe
les repréſente, dis-je, animées du plus
grand intérêt qui puiſſe exciter les facultés

humaines, celui de travailler non-feulement
au bonheur, mais à la régénération de leur
pays, on fouffre à penfer qu'en fi peu de
temps, les prifons & les échafauds ont ré-
compenfé les nobles illufions de ces aimables & généreufes perfonnes. Deux d'entre
elles marquèrent d'une façon diverfe; l'une
avant la Révolution, l'autre avec elle. C'é-
taient les ducs de Guines & de Liancourt.
J'en parle parce que je les ai encore vus
tous deux. M. de Guines, peu de temps
avant fa mort, était encore gai, quoique un
peu en radotage. Une de fes manies était
d'avoir des gilets & des culottes courtes,
en toile couleur de rofe, très-étroites.
Ces bêtifes frappent les enfants. J'ai fu
depuis qu'il avait toujours eu la paffion
d'être mince & de porter des couleurs tendres. C'était, dans fa jeuneffe, un homme
parfaitement aimable; une gaieté folle &
pourtant délicate rendait fon commerce
délicieux. Sa carrière diplomatique fut
courte, & le mérite en eft contefté; il fut

toute fa vie attaché à ma grand'mère & à fes amies fans être particulièrement amoureux d'aucune. Quant au duc de Liancourt, il avait pour ma grand'mère un dévouement romanefque fondé fur de touchants fouvenirs; il avait été très-amoureux de la duchefſe de Sully, première amie d'enfance de ma grand'mère, morte à vingt ans dans leurs bras, & tous deux, après l'avoir foignée enfemble, la pleurèrent avec une fympathie qui devint un lien entre eux. Il s'enfuivit de la part de M. de Liancourt un fentiment tendre & dévoué dont l'expreffion peut fe réfumer dans l'infcription qui fe trouve au pied d'un groupe de terre cuite qu'il avait donné à ma grand'mère. Ce groupe repréfentait l'Amour dans les bras de l'Amitié, on lifait au-defſous :

« Se divifi, fì valete,
Accoppiati, che farete! »

J'ai revu depuis M. de Liancourt chez ma grand'mère, il était abfolument impof-

fible de retrouver en lui aucune trace d'a-
grément; il était fale, défiguré, bredouil-
leur; on ne pouvait remarquer en lui qu'une
certaine aifance qu'on a toujours quand on
a l'habitude de faire effet partout. Il avait
joué une forte de rôle politique, avait été
gai, magnifique, extrêmement à la mode.
Dans fa jeuneffe il offrait à ma grand'mère
& à fa fociété les plus charmants foupers du
monde, dans une petite maifon délicieufe.
Tout cela était bien agréable; mais hélas!
ces jours fi beaux devaient être courts, &
les horreurs qui les fuivirent en gâtent aujourd'hui jufqu'à la mémoire! Ces idées
hardies, ces opinions nouvelles qui femblaient un élan vers le bonheur & la vertu,
fe colorent à nos yeux attriftés des funeftes
lueurs de l'incendie révolutionnaire. Nous
fommes tous prêts à croire que les nobles
erreurs de tant de belles âmes ont été les
premières caufes du bouleverfement qui les
a fuivies, & nous avons befoin d'un examen
fage & réfléchi du paffé pour féparer le fou-

F

venir du crime de celui des imprudences dont il a profité.

Ma grand'mère vit avec indignation & douleur les funeftes progrès de la Révolution; fa famille, c'eft-à-dire la nôtre, en fut promptement victime. Mon grand-père, qui avait eu le courageux inftinct de refter auprès de fon malheureux roi, penfa le payer de fa vie. Après le 10 août fa tête fut mife à prix. Il fut fix femaines caché dans Paris, & s'échappa miraculeufement de France par les foins de quelques ferviteurs fidèles. Son refpectable père, âgé de foixante & dix-neuf ans, après avoir fait un rempart de fon corps à Louis XVI dans l'horrible matinée du 20 juin, s'était retiré à Mouchy avec fa vertueufe époufe; on vint les y chercher, & tous deux précédèrent à l'échafaud la maréchale de Noailles, la ducheffe de Noailles fa belle-fille, & la fille de celle-ci, femme de mon oncle & beau-père le vicomte de Noailles, qui périrent toutes les trois le même jour; pures &

innocentes victimes dont les vertus étaient dignes de racheter les crimes de leurs bour-reaux.

Ma grand'mère eut toutes ces pertes à déplorer avec celle de son angélique amie, Mme de Biron, de la duchesse de Gramont, sœur du duc de Choiseul le ministre, qui lui était aussi bien chère, de la duchesse du Châtelet, tante chérie de Mme de Simiane, femme respectable & charmante. Mme de Simiane elle-même fut mise en prison, ainsi que ma mère & ma grand'mère maternelle. Elles ne furent sauvées que par le 9 thermidor. Ma grand'-mère fut exemptée de la prison par sa mauvaise santé. Elle parut si infirme à ceux qui vinrent l'arrêter, qu'on lui permit d'être gardée chez elle; elle resta donc seule à Paris avec son fils cadet, âgé alors de quatorze ans. Mon père, après avoir fait avec les princes la campagne de 1792, s'était réfugié en Angleterre avec ma mère. Mon grand-père, ma tante d'Hénin, M. de

Lally passèrent auffi à Londres la plus
grande partie de leur émigration. Mme de
Teffé, plus prévoyante que tous fes amis,
avait réalifé en Suiffe, & enfuite en Hol-
ftein, une fomme confidérable, & s'y créa
un établiffement indépendant.

Ma grand'mère ne conferva près d'elle,
pendant ces jours de douleur & d'effroi,
que fa belle-mère, Mme de Beauvau; fa
belle-sœur la ducheffe de Duras; Mme de
Simiane, l'abbé de Damas, l'abbé de Montefquiou l'entouraient & ne la quittèrent
plus. M. le maréchal de Beauvau avait eu
le bonheur de mourir dans fon lit l'année
qui précéda la mort du Roi. Mme de
Beauvau, chaffée du Val, maifon de campagne charmante dans la forêt de Saint-
Germain, qu'elle habitait conftamment,
s'était réfugiée à Saint-Germain, où la population était moins dangereufe qu'ailleurs.
La ducheffe de Duras, belle-sœur de ma
grand'mère, fortie de prifon en même
temps que Mme de Simiane, vivait en-

core, comme toutes les victimes dérobées à l'échafaud, dans une timide & obſcure pauvreté. Elle voyait quelquefois ma grand'mère qui, ayant été chaſſée de l'hôtel de Mouchy à la mort de ſes parents, s'était campée tant bien que mal avec ſon fils, Mme de Simiane & les abbés de Damas & de Monteſquiou dans quelques pièces de l'hôtel Beauvau, qui appartenait encore à Mme de Beauvau ſa belle-mère, & qui fut loué plus tard pour des raiſons d'économie. J'ai ſouvent entendu dire à ces dames qu'elles avaient encore, malgré leurs malheurs, un ſi grand fonds de mouvement dans l'eſprit que la converſation entre elles ſuſpendait la terreur, & qu'il s'y gliſſait des éclairs de gaieté.

Ce fut alors que ſe noua entre ma grand'mère & Mme de Simiane une amitié intime & paſſionnée qui n'eut de terme que leur mort. Mme de Simiane était beaucoup plus jeune que ſon amie; mais, dès ſon entrée dans le monde, elle ſentit le charme &

la fupériorité du petit cercle exquis qui entourait Mme de Poix. Elle fouhaita d'en
faire partie & en devint un des ornements.
Mme de Simiane avait été la plus jolie
perfonne de fon temps. Je n'ai jamais entendu parler des fuccès de fa figure à ceux
qui en avaient été témoins, fans une forte
d'enthoufiafme. Quelqu'un difait : *qu'il
était impoffible de la recevoir, fans lui donner
une fête.* Lorfque je l'ai vue, elle n'était
plus jeune, & moi j'étais enfant; cependant j'ai compris fon effet; c'eft tout fimple,
elle avait été la plus jolie des femmes, elle
en était auffi la meilleure, & jufqu'à fon
dernier jour, fa bonté folide, affaifonnée
d'une envie de plaire conftante, a produit
autour d'elle une forte d'effet magique.
Quand les dons du cœur accompagnent
ceux de la figure, ils lui communiquent un
charme tout-puiffant & éternel. Cet af-
femblage divin caractérifait Mme de Simiane plus qu'aucune perfonne que j'aie
jamais rencontrée. La fraîcheur de fa

jeuneſſe en fut embellie, & ſon âge avancé
conſerva le privilége de plaire & d'attacher
juſqu'au tombeau. Son commerce était
délicieux. Elle était d'une gaieté charmante, comme tous ſes frères. Cette gaieté
ne bleſſait jamais perſonne, parce qu'elle
avait un cœur adorable, une âme élevée
& un grand bon ſens. Le ſentiment de
ſes avantages l'avait, dès ſa jeuneſſe, pé-
nétrée du déſir de déſarmer l'envie. Peut-
être cette aimable diſpoſition jointe à la
mode de la *chaleur* qu'elle avait ſubie
comme tant d'autres, avait-elle donné à
ſon approbation quelque choſe d'exceſſif.
Sa ſatisfaction avait preſque toujours une
teinte d'enthouſiaſme. J'ai vu des gens
froids s'en étonner, mais n'en être pas
moins bientôt ſubjugués par ſon charme
& ſes vertus. Après avoir brillé ſans rivale
dans le monde frivole de ſon temps, elle
eut la ſageſſe de le quitter encore jeune
pour ſe renfermer dans un cercle de parents proches & d'anciennes connaiſſances.

La dernière moitié de fa vie confacrée prefque exclufivement à d'immenfes charités fe paffa avec ma grand'mère à la campagne, l'une chez l'autre, réuniffant autour d'elles les amis avec lefquels elles avaient fouffert, & ceux que l'émigration leur avait rendus.

Les mauvais jours finis, toutes les années qui fuivirent apportèrent fucceffivement de nouvelles jouiffances à ma grand'-mère. Elle avait retrouvé une belle fortune, fa famille l'entourait conftamment. Mon père & mon grand-père étaient rentrés au 18 brumaire, mon oncle fit un excellent mariage dont il eut plufieurs enfants. Plus tard, mon mariage avec un de mes coufins me fixa auffi près d'elle. Notre intérieur, grâce à la gaieté toute charmante de ma grand'mère & à l'amabilité de fes amis, était une forte de fête perpétuelle, & nous ne nous trouvions tous jamais fi bien nulle part que chez nous.

Peu de temps après le mariage de mon

oncle, ma grand'mère perdit fa belle-mère,
Mme la maréchale de Beauvau, à la fois
fon dernier devoir & fon plus ancien attachement. Mme de Beauvau avait furvécu
environ quinze ans à un mari adoré, fou-
tenue pour ainfi dire par la vivacité de fes
regrets qui ne fe ralentirent pas un jour.
Ma grand'mère lui rendit jufqu'à fa mort
les foins de·la fille la plus tendre. J'ai encore vu dans mon enfance le falon de
Mme de Beauvau; il me frappait malgré
mon âge. Elle avait dans une chétive
maifon du faubourg Saint-Honoré un petit
appartement meublé des reftes élégants de
fon ancien mobilier. Du moment qu'on
quittait l'efcalier crotté, commun à tous les
habitants, on fe fentait tranfporté dans un
monde à part : tout était noble & foigné
dans ces petites chambres. Le peu de domeftiques qu'on y voyaient étaient vieux
& quelque peu impotents ; on fentait con-
fufément qu'ils avaient vu fi bonne com-
pagnie, que leur jugement était quelque

G

chofe. Jamais Mme de Beauvau ne fermait
fa porte, & tous les foirs fon falon était
plein. Tout y entrait, elle n'avait jamais
rompu avec perfonne, grâce à la fupériorité de fa raifon & au calme de fon caractère. Les gens de lettres dont elle avait
aimé la fociété, fa nombreufe famille, fes
vieux amis, leurs enfants & petits-enfants,
tous fe preffaient autour de fon grand fauteuil, fiers de l'entourer. Sa réputation
d'efprit, fes anciennes liaifons politiques
& littéraires, les opinions libérales dont
elle avait fait profeffion en 1789, tout
cela lui conciliait une popularité univer-
felle. Les philofophes aïmaient à lui rappeler l'appui qu'elle avait prêté à leurs
doctrines. Certains d'entre eux devenus
des perfonnages fous l'Empire croyaient fe
donner un air d'ancien régime en venant
chez elle. Le faubourg Saint-Germain penfait paraître éclairé en s'y faifant voir;
enfin on ne retrouva nulle part tous ces
éléments divers réunis dans un refpect fi

singulier. Mes parents m'y menaient de temps en temps le soir. Le recueillement me saisissait dès l'antichambre : on entrait derrière un paravent, & de là j'avisais timidement l'effrayant petit espace à parcourir pour aller baiser la main à mon arrière-belle-grand'mère. Elle était enfoncée dans un grand fauteuil à oreilles, mais ce grand fauteuil était joli comme tout le reste de son mobilier. Elle-même était mise à peindre, & établie comme toute femme de son âge doit tâcher de l'être. Un bonnet en gaze blanche unie, à la mode de sa jeunesse, & invariablement le même, ainsi que la robe fort ample, & en façon de peignoir, toujours de quelque belle étoffe unie de couleur foncée. Devant elle, une boîte à effiloquer posée sur une petite table qui ne lui laissait que la faculté de se soulever pour les visites ; les pieds dans un sac de velours garni de fourrure ; tout cet établissement touchait, d'un côté, une cheminée couverte de précieuses vieilleries ; de l'autre, une ligne de fauteuils rangés en demi-cercle en face de la cheminée rejoignait le paravent. Ordinairement un homme ou deux debout à la cheminée entretenaient la maîtreffe de la maifon. Les dames affifes s'y joignaient à volonté, mais attendaient le plus fouvent qu'on les interrogeât. Je me fouviens d'y avoir vu Boiffy d'Anglas, jadis protégé de la maifon, devenu comte & fénateur, avec fa belle tête blanche & fon air folennel, dans l'attitude du plus profond refpect; comme auffi le cardinal Maury, à fa rentrée en France. M. Suard, l'abbé Morellet, Marmontel étaient d'anciens habitués. J'ai vu à Saint-Germain, où elle paffait les étés dans un petit logement pareil à celui de Paris, un ancien acteur de l'Opéra-Comique, nommé Caillaud, connu par de grands fuccès, venir lui rendre fes devoirs. Elle le fit un jour chanter pour nous, & je me fouviens que ce fut charmant. Caillaud était vieux, mais on voyait qu'il avait été beau : l'expreffion touchante & naïve de

fon chant nous émut profondément. A
Saint-Germain auffi, tous les ans à la même
époque, une vieille & impofante amie, la
ducheffe d'Arenberg, venait paffer deux
mois avec Mme de Beauvau. Il s'y joignait
une vieille fœur de M. de Beauvau, jadis
abbeffe de Saint-Antoine, laquelle, droite
comme un cierge, grâce à un corfet terrible, ne donnait d'autre figne d'exiftence
qu'un tic nerveux qui faifait remuer fa
tête, ornée d'un abat-jour vert; elle effilo-
quait conftamment avec ardeur des chiffons
de foie deftinés à faire de la ouate. C'était
l'ouvrage habituel de toutes ces vieilles
dames. Quand elles étaient toutes trois dans
ce petit falon, réunies à l'avant-dernier duc
de Rohan Chabot, frère de Mme de Beauvau, qui portait l'hiver des habits fourrés,
& l'été des fouliers gris, l'ancien régime
me femblait ranimé comme par le galva-
nifme. On parlait généralement bas chez
Mme de Beauvau, perfonne ne voulant l'o-
bliger à élever la voix qu'elle avait très–

faible. A une certaine heure, on lui appor-
tait du café dans une très-petite cafetière
d'or. Tous ces débris magnifiques avaient
le plus grand air. Cette impofante perfonne
finit fans douleur, fans agonie; elle s'étei-
gnit comme elle avait vécu, en adorant fon
mari, & en honorant Voltaire. Ses derniers
moments furent d'une paix toute philofophique. Les cérémonies religieufes n'y
tinrent point leur place, mais les appa-
rences furent affez heureufement confer-
vées pour qu'il fût dit que, jufqu'au dernier
jour, l'indépendance des idées s'était alliée
chez elle à la convenance des formes.

Ma grand'mère changea un peu fa vie
depuis cette mort. Au lieu de la régler fur
celle de Mme de Beauvau, elle devint
centre elle-même, & raffembla conftamment autour d'elle tout ce qui compofait
fon intimité : d'ailleurs, une fois que l'âge
& des infirmités toujours croiffantes l'eurent rendue complétement fédentaire, fon
falon ne défemplit pas, grâce au charme de

fon commerce, & à la fupériorité de fon efprit éclairé par l'expérience, fans avoir rien perdu de fa vivacité.

Maintenant que je me fuis rendu compte de ce qui m'eft parvenu par les récits de mes parents & les fouvenirs de mon enfance, de la première partie de la vie de ma grand'mère, je vais tâcher de me retracer mes rapports perfonnels avec elle, du jour où j'ai vécu fous fon toit, jufqu'à celui où nous l'avons perdue. J'ai dit ce que j'ai fu, je vais dire ce que j'ai vu.

DEUXIÈME PARTIE.

1809 — 1833.

MA grand'mère a été peut-être le dernier exemple d'*un chef de famille ;* le temps où nous vivons n'admet plus pareille chofe : la famille comme tout le refte a changé d'organifation, & a perdu fa difcipline. Nos mœurs actuelles n'admettent plus d'autorité incontestée. La fubordination des intérieurs a dû périr avec celle des maffes. Mon père & mon oncle, élevés dans le refpect & même la crainte de leurs parents (c'était la tradition de la maifon), ont perfévéré jufqu'à la mort dans cette foumiffion héréditaire. Tout,

H

fous l'ancien régime, fe réuniffait pour la maintenir. Outre un certain refpect involontaire pour les vieilles mœurs, l'intérêt perfonnel y obligeait. Des parents haut placés, riches, en crédit à la cour, occupant des charges qu'ils pouvaient tranfmettre, étaient des protecteurs utiles, & qu'il fallait ménager. Dès que leurs enfants pouvaient les connaître, cette fituation leur affurait un preftige qui ne laiffait pas la liberté de les obferver; on ne jugeait pas foi-même fes père & mère, on prenait en ouvrant les yeux le jugement du monde fur leur compte. Comme de raifon, on n'en favait que le beau côté, & puis il exiftait alors des autorités, & elles fe tiennent toutes! Depuis que tout eft foumis à l'examen de tous, on comprend que le pouvoir paternel doit fubir comme les autres un contrôle févère & inceffant. L'intimité de la vie intérieure établie aujourd'hui par la médiocrité des habitudes, lui ôte prefque tous fes moyens d'action; des parents qu'on ne quitte

pas de la journée deviennent une fociété.
On les juge, on les critique, on s'en moque,
& Dieu fait ce qui s'enfuit dans les natures
vicieufes. Dans l'ancien temps on les
voyait peu, à caufe des devoirs de fociété,
de cour, & des places de tout genre aux-
quelles fe joignait une repréfentation
obligée dans toutes les fituations un peu
importantes. Pendant ce temps-là les enfants étudiaient dans leur chambre ou
au collége, voyaient deux fois par jour
leurs père & mère, en cérémonie ou au
moins avec une timide réferve. Plus tard
les écoles, les voyages, le régiment pour
les hommes, le couvent pour les femmes,
les féparaient encore. Bref, il n'exiftait
entre eux que ces rapports tout faits qui
fuffifent aux âmes bien nées pour imprimer
le refpect, & qui laiffent aux mauvaifes
natures la poffibilité de voiler leur indifci-
pline. Mais quelle n'était pas la force de
ce refpect filial, quand par bonheur il s'a-
dreffait à des perfonnages impofants, non-

feulement par leurs places & leurs cordons, mais par des vertus fans tache & une vie irréprochable! Nos vertueux parents morts fur l'échafaud avaient laiffé après eux la tradition d'une déférence fans bornes. Mon grand-père, accoutumé à révérer fon père non-feulement comme un maréchal de France, mais comme un faint, eût trouvé inouï que fes enfants ne lui témoignaffent pas le même refpect, & qu'ils fe permiffent le moindre rapprochement entre fa vie privée un peu légère & les graves habitudes de fon père. Il fut fervi à fouhait: jamais on ne vit deux fils plus déférents, je dirai plus foumis. Relativement à ma grand'mère, ce fentiment s'alliait à une admiration fans bornes qu'ils lui ont confervée jufqu'à la mort, & que nous avons partagée inftinctivement tous, fuivant notre plus ou moins d'intimité avec elle. Quant à moi, je me conformai d'autant plus aifément à l'obéiffance paffive, que, dans la famille de ma mère, où j'étais élevée, les doctrines étaient les mêmes. Je me mêlai donc fort peu de mon mariage; il fut arrangé dès mon enfance, & je fus unie à dix-fept ans par le défir de mon père à un de mes coufins portant notre nom, fans avoir jamais fongé qu'on peut avoir en pareil cas un avis à foi. J'eus le bonheur de bien rencontrer; mais hélas! il dura peu! Jufqu'à cette époque je paffais mon année avec ma mère, hors environ deux mois tant à Paris qu'à la campagne dans ma famille paternelle. La douceur un peu grave de l'intérieur d'où je fortais rendait mes vifites aux parents de mon père une efpèce de temps de vacances. Je commençais à reconnaître dans ma grand'mère tout ce que j'ai admiré en elle à mefure que je me fuis développée. Enfuite, le ton de fon falon, fa gaieté, celle de fes amis, la vivacité de leurs difcuffions, l'originalité piquante de quelques-uns d'entre eux étaient pour moi une fource intariffable d'amufements. Je trouvais là, fi j'ofe le dire, l'ancien régime

pur fang avec fes charmes & fes faibleffes.
Les uns revenaient d'émigration rapportant
des fouvenirs triftes ou gais, fuivant leurs
aventures; les autres, à peine échappés à
l'échafaud, l'oubliaient en retrouvant leurs
amis. Ce moment de bonheur fut bien vif
après tant de maux : on pleurait les morts
en embraffant les vivants. Je ne puis m'empêcher de dire, à la louange de ces vivants,
dont les uns retrouvaient en France la pauvreté après les infortunes de l'émigration,
les autres la mifère après les horreurs de
la prifon, que jamais une plainte ne leur
échappait relativement au changement matériel de leur exiftence. Les pertes du cœur
feules femblaient les atteindre; mais les
privations phyfiques étaient nulles à leurs
yeux. Ce genre de traverfes leur fourniffait
au contraire des récits amufants & des ob-
fervations fines. Nous avons vu depuis ce
premier naufrage bien d'autres déplace-
ments caufés par les révolutions politiques,
& j'ai toujours remarqué que les regrets

donnés au matériel ne fe montraient vivement que dans les parvenus. Ma grand'-
mère & Mme de Simiane qui n'avaient pas
émigré revoyaient avec bonheur les amis
qui leur étaient rendus. Le monde ancien
fe reconftitua ainfi obfcurément dans des
afiles d'abord modeftes, puis fucceffivement plus élégants, à mefure qu'on dé-
brouilla fes affaires & qu'on reprit affez de
fécurité pour laiffer voir qu'on avait con-
fervé quelque chofe. La façon dont la fociété ancienne fe recompofa, au retour de
l'émigration, fous la protection du gouvernement confulaire, fut, fi je l'ofe dire, de
la part de ce gouvernement même une
grave inconféquence, & la fource première
de toutes les difficultés de notre politique
intérieure. Le 18 brumaire, époque juftement bénie par tous les partis, puifqu'elle
faifait ceffer une fituation à la fois honteufe
& oppreffive, fut certainement un retour à
l'ordre & même-à la morale, en tant qu'il
réfultait du retour de l'ordre une morale

extérieure fondée fur le fentiment éclairé
des intérêts de tous. Mais ce qu'on doit,
ce me femble, entendre par le mot morale,
c'eft la vertu confidérée comme le fonde-
ment des liens fociaux : or, cette morale
éternelle établie fur la religion, la probité, la juftice, n'avait plus de place en
France depuis la Révolution, & ne la retrouva pas fous l'Empire. Napoléon qui
avait tiré fon élévation du mouvement révolutionnaire fe garda bien de le défavouer :
il craignit même d'en flétrir les excès, & il
en confacra tous les effets. Ainfi les biens
nationaux maintenus, les régicides hono-
rés, & mis en place, les maffacres judi-
ciaires confacrés, l'émigration reftée à l'état
de crime, les lois fanguinaires en vigueur,
confervèrent aux vainqueurs & aux vain-
cus la fituation révolutionnaire, moins la
perfécution. Il n'y avait de conféquent,
avec un tel état de chofes, que le banniffe-
ment éternel des émigrés, & l'anéantiffe-
ment de leurs propriétés. La nation était

alors refaite à neuf, tout homogène, & l'avenir fans nuages. Au lieu de cela, deux fociétés reftèrent en préfence dans le pays. L'une toute-puiffante & pourtant inquiète, l'autre obfcure & retirée, mais dédaigneufe & indignée. Les quinze années fantaftiques de l'Empire ne changèrent pas cette pofition; elles y ajoutèrent feulement des fouvenirs de gloire & des habitudes de fervilité, fous lefquelles les haines jacobines, feulement comprimées, fe réveillèrent en 1814, ranimées par la preffe & par la tribune. De là tous nos maux; mais ce n'eft pas le lieu d'en parler. Je ne cherche à me rappeler ici que ce que j'ai vu d'aimable, & non pas ce qu'il eût fallu prévoir; ce que je veux me rappeler, ce font ces types charmants déjà inconnus au moment où j'écris, & impoffibles à ranimer de nos jours, puifqu'ils étaient le fruit de traditions perdues. Mme de Maintenon a dit : *Un très-bon goût fuppofe prefque toujours un très-grand fens.* Et cela eft vrai, car les dé-

I

licateffes du goût s'appliquent au bon fens
comme à la grâce, & la morale même fe
produit alors tout naturellement par le fens
exquis des convenances; le goût, enfin,
tient lieu de vertus à ceux qui n'ont plus de
principes, & cette fragile bafe foutenait
prefque feule l'édifice de la fociété françaife
lors de fa chute. Grâce à ce goût parfait,
les efprits médiocres fe rendaient agréables
par le taɕt & la difcrétion, les gens vicieux
ne femblaient que faciles, & les caraɕtères
févères ceffaient d'être gênants. Les inéga-
lités de pofition devenaient infenfibles
dans un monde où il ne fallait que plaire
pour être compté. Il s'enfuivait des relations à la fois exquifes & commodes, abfolument introuvables aujourd'hui. J'ai dit
plus haut que ma grand'mère & Mme de
Simiane avaient refferré leurs liens par la
douleur qui les avait frappées enfemble.
Elles fe réunirent après la Terreur, d'a-
bord à l'hôtel Beauvau, puis dans une petite maifon du faubourg Saint-Honoré,

Lith par Ch imp Eugène Rousse   Imp. Lemercier Paris.

MOUCHY LE CHATEL
(Oise)

où on trouva moyen de faire tenir fucceffivement tous les membres de notre
famille rentrés d'émigration, Mme de Simiane, les abbés de Damas & de Montefquiou, & enfin mon oncle, fa femme, leurs
enfants, & plus tard mon mari & moi.
C'eft dans cette forte de caravanférail que
nous passâmes les dernières années de l'Empire ; habitant la moitié de l'année Mouchy
que mon grand-père tâchait de rendre
agréable, le Val que Mme de Beauvau avait
racheté à la nation pour le laiffer à ma
grand'mère, parfois Cirey où Mme de Simiane avait un établiffement excellent.
Toutes ces réfidences fembleraient bien
mauvaifes aujourd'hui ; elles paraiffaient
admirables après l'émigration & la Terreur.
On y travaillait prefque foi-même. Je me
rappelle l'orgueil de mon grand-père quand
il nous préfenta Mouchy meublé du haut
en bas en toile de coton blanche avec des
commodes de noyer, & la joie de ma
grand'mère la première fois qu'elle put ha-

biter le Val avec un falon fans glaces, &
une falle à manger fans rideaux. Quant à
moi qui étais logée à Paris dans une manière de grenier, & à la campagne dans des
chambres qui paraîtraient aujourd'hui tout
jufte convenables à nos femmes de chambre, je ne fais fi le plaifir d'être jeune em-
belliffait cette époque pour moi, mais
quoiqu'aucun fouvenir brillant ne s'y rat-
tache, celui que j'en conferve eft auffi doux
qu'amufant.

Ma grand'mère était, ainfi qu'elle l'a
toujours été, l'âme de cette réunion.
Comme toutes les perfonnes réellement aimables, elle l'était autant par le caractère
que par l'efprit. A l'époque de mon entrée
dans le monde, fa vivacité & celle de quel-
ques-unes de fes amies allait encore, comme
je l'ai dit plus haut, jufqu'à l'impétuofité.
Leur chaleur fe calma progreffivement par
l'effet inévitable de l'âge & du changement de mœurs qui les entourait. Longtemps pourtant ces efprits vifs & impref-

fionnables proteftèrent contre le refroidif-
fement général. Une jeuneffe éternelle
femblait être le dernier privilége qui dût
leur échapper, & notre fociété nouvelle
parut toujours froide & fans gaieté à côté
d'eux. Mon grand-père, dont j'ai déjà fait
connaître la vivacité, refta jufqu'à la mort
une bombe toujours près d'éclater de joie,
de tendreffe, ou de fureur. Sa fidélité pour
la famille de Louis XVI ne céda, fous l'Empire, ni à la peur, ni à l'admiration : le
meurtrier du duc d'Enghien lui fut toujours
d'autant plus odieux que fes reffentiments
perfonnels fe compliquaient d'un fonds
d'idées libérales de 1789, corroboré par une
admiration fanatique pour l'Angleterre,
rapportée de l'émigration. C'était un fpectacle à la fois touchant & comique que de le
voir s'indigner ou s'attendrir quand fon dévouement à fes Rois était excité ou com-
battu, dévouement d'autant plus refpectable qu'il avait été méconnu à l'époque de
la Révolution, par fuite de fon attachement

pour M. Necker d'abord, & enfuite pour
M. de La Fayette. Ma grand'mère, avec
plus de circonfpection, fentait & penfait
comme lui, fes amis en faifaient autant;
mais les caufes de leur oppofition n'é-
taient pas les mêmes pour tous. Chez nos
tantes d'Hénin & de Teffé, fidèles à leurs
anciennes doctrines & toujours ralliées
à M. de La Fayette, l'indignation tenait
plus encore à l'horreur de l'arbitraire
qu'à la haine de l'ufurpation. C'était 1789
qu'elles regrettaient & non la monarchie
légitime. M. de Lally tout imbu des
mêmes idées, fortifiées d'une origine à
moitié anglaife, M. Mounier, M. Ma-
louët, fe groupaient avec elles autour de
leur héros, qui, depuis longtemps, n'é-
tait plus celui de ma grand'mère, & qui,
certes, ne fut jamais le mien. C'était une
grande figure fade dont les yeux ne manquaient cependant pas d'expreffion. En
y regardant bien, on y trouvait de la force
& de la dignité. J'ai fouvent ri de le voir

rencontrer d'anciens ennemis politiques du
parti légitimiſte, qui croyaient le foudroyer
de leurs regards indignés, pendant que lui
ſouriait de pitié de leur aveuglement, leur
tendait la main avec une affabilité plus im-
patientante que le reſſentiment le plus
amer. L'Empire lui allait bien; découragé
de conſpirer, il vivait en Cincinnatus dans
une terre charmante, adminiſtrant comme
un bon fermier une fortune extrêmement
reſtreinte, au milieu d'une famille intéreſ-
ſante & vertueuſe qui le reſpeétait à l'exemple de ſon angélique femme. Mme de La
Fayette, qui aura dans l'hiſtoire de ſon
temps la plus belle place que les femmes
puiſſent y occuper, éprouvait pour ſon
mari un enthouſiaſme tel que, malgré ſon
ardente piété dont M. de La Fayette était
bien loin, elle n'eut jamais le moindre ſouci
du ſalut de ſon mari, perſuadée que Dieu
y regarderait à damner un homme comme
lui. La révolution de juillet le mit fort à
ſon avantage; lui & M. de Talleyrand ſe

trouvant les feuls hommes de leur forte au
milieu de ce gâchis, leur ifolement les gran-
dit. A l'époque dont je parle, M. de La
Fayette régnait fans rivaux chez notre tante
de Teffé, autre débris de l'ancien régime,
modifié par les doctrines de l'Affemblée
conftituante. Mme de Teffé était un grand
caractère; elle avait l'efprit élevé jufqu'à
être chimérique, mais fa fermeté impofait,
& on avait toujours près d'elle le fentiment
de fa fupériorité. J'étais fouvent frappée du
contrafte de fa conduite avec fes difcours;
dès qu'elle agiffait c'était avec une fageffe
pofitive, un jugement fain & une complète
abfence de préjugés; mais dans la converfation, elle me femblait fans ceffe hors du
vrai, fophiftique, paradoxale & fouvent
obfcure. Au demeurant une forte tête, &
une grande âme. Son falon était curieux; il
était refté le même qu'il y a cinquante ans.
Les doctrines ariftocratiques y étaient pro-
fcrites; & là, comme difait ma grand'mère,
le tiers avait la double repréfentation.

Mme de Teffé s'était liée au commencement de la Révolution avec d'honorables
membres de l'Affemblée nationale. M. Mounier entre autres devint fon ami intime.
M. de La Fayette, fon parent, était en
même temps fon héros. D'autres perfonnages, liés à elle par la politique ou par le
fentiment, rendaient fa fociété un parfait
modèle de nivellement. J'ai fouvent remarqué que ces perfonnes, dont les manières étaient partout ailleurs bien inférieures à celles de Mme de Teffé, gagnaient
dans fon falon la diftinction qui pouvait
leur manquer, tant fon influence était puiffante. Sa figure était étrange; elle avait,
dit-on, été très-jolie, & défigurée à vingt
ans par la petite vérole; chagrin qui fut
nul pour elle, par fuite de fa raifon préma-
turée : c'était une forte de fibylle parlant
toujours d'un ton impofant & doctoral,
avec des grimaces affreufes & des tics
prefque convulfifs. Au milieu de tout cela,
une nobleffe incomparable de fentiments &

K

de manières, enfin un mélange de raifon
févère & d'exaltation chimérique auffi ex-
traordinaire que piquant. Son falon diffé-
rait donc effentiellement de celui de ma
grand'mère à laquelle les crimes de la Révolution avaient laiffé tant d'épouvante,
que tout ce qui les avait précédés lui femblait y participer un peu. Mme de Simiane
sympathifait là-deffus avec elle, & en cela
comme en tout, leur union ne fe démentit
jamais. Lorfque mon grand-père fut rentré
en France, il défira habiter Mouchy. Les
voyages de ma grand'mère à Cirey, chez
Mme de Simiane, en fouffrirent à fon grand
regret; mais Cirey venait à Mouchy, &
rien ne fut plus agréable que cette dernière
phafe de l'exiftence révolutionnaire de mes
parents. Les familles qui, comme la nôtre,
ne s'étaient que partiellement ralliées au
gouvernement, vivaient en riches & bons
bourgeois, fans titres, fans priviléges, mais
protégés comme amis de l'ordre, quand
leur conduite était raffurante. Il s'enfuivit,

fous l'Empire, une vie de famille intime, &
une liberté privée qui parut d'abord délicieufe après les angoiffes révolutionnaires.
Par la fuite, des chagrins & des vexations
vinrent troubler ces beaux jours. L'Empereur, non content des conquêtes extérieures, fe mit à en faire en France, & fup-
porta impatiemment que quelques familles
royaliftes reftaffent étrangères à fa cour.
Il était trop preffé, car naturellement cha-
que jour lui ralliait du monde. La gloire
militaire attirait les jeunes gens, les plaifirs féduifaient les femmes, & la crainte
des perfécutions décidait les vieillards.
Quand on a vu ce temps fi court & fi
brillant, on refte confondu de tous les
moyens de durée qu'avait ce trône fanta-
ftique qui ne pouvait abfolument finir que
par fa faute.

L'année 1809, où je me mariai, fut peut-
être la plus brillante de cette période de
miracles. Le mariage de Napoléon & de
Marie-Louife parut le fceau des merveilles

du règne. Sans prendre part aux joies publiques autrement que comme peuple, nous nous en divertîmes fort. Je n'oublierai jamais pour ma part la cérémonie du mariage, pour laquelle j'obtins des billets de curieux, & qui m'intéressa au plus haut degré. Elle eut lieu dans une salle du Louvre transformée en chapelle pour l'occasion. Rien de plus éclatant, de plus physiquement beau : c'était oriental. Les femmes de cette cour, en général épousées pour leur beauté, quoique parties souvent des rangs les plus bas, apprenaient leur nouveau personnage avec un tact merveilleux : à quelques exceptions près, telles qu'une certaine maréchale, jadis cantinière, dont les jurements ont fait fortune, elles savaient toutes prendre un air de dignité froide, excellente dans leur état ; la magnificence ordonnée par l'Empereur, & l'élégance naturelle aux Françaises en faisaient tout de suite des duchesses charmantes. Les hommes avaient plus de peine à se transformer, leurs groſſes allures déparaient leurs brillants coſtumes; mais au total l'enſemble était impoſant. La diſcipline militaire y remplaçait l'étiquette; un ordre parfait réglait les places, & la peur avait tous les effets du reſpeċt : il ne manquait à cet enſemble qu'un peu de vieillerie, ce n'était pas encore une cour, ce n'était qu'une puiſſance; mais quelle puiſſance! La cérémonie du mariage fut aſſombrie par la colère évidente de l'Empereur, en voyant vides les ſiéges deſtinés aux cardinaux qui avaient pris parti pour le Pape. Son viſage exprima un courroux concentré qui ne put ſe calmer par la penſée, cependant aſſez agréable, de ſe voir époux d'une archiducheſſe. Ce petit déboire amuſa fort les badauds dont je faiſais partie. En tout, juſqu'au fatal hiver de 1812, les ſpeċtateurs de ce grand drame, ſurtout ceux de mon âge, s'amuſaient preſque autant que les aċteurs. Nous vécûmes pendant ces trois années réunis, comme toujours, à Paris l'hiver, & à Mouchy & au Val l'été, avec l'infouciante gaieté de la claffe inférieure fous les gouvernements defpotiques. J'entrais dans le monde alors, mais j'y allais peu; la fociété de mes parents & de leurs amis me fuffifait, avec celle de quelques amis d'enfance; & ce que je trouvais toujours plus aimable que tout, c'était ma grand'mère & fes entours. Je n'ai pas de plus agréables fouvenirs que ceux des moments paffés près d'elle ou feule, ou avec fes amis. Tous avaient leur mérite, que je connus dans ma jeuneffe par expérience, après les avoir aimés fur les récits de mes parents. Ma tante d'Hénin, dont j'ai fait connaître la jeuneffe, confervait fes colères, fes joies, fes attendriffements fi prompts & fi fincères, à travers lefquels on fentait une âme fi élevée & un efprit fi jufte. M. de Lally, lié à fon fort, partageait toutes fes impreffions; leur politique était la même, mais ma tante avait de la fermeté pour deux;

M. de Rivarol a dit de M. de Lally, que c'était le plus gras des hommes fenfibles. Il eft vrai qu'il était gros & tendre, ce qui a quelque chofe de rifible; mais au demeurant c'était un bel efprit, orné, ingénieux, abondant, doué d'une éloquence facile, majeftueufe ou piquante, fuivant l'à-propos; d'une mémoire prodigieufe, admirablement meublée; avec tout cela un caractère doux, bon jufqu'à la duperie, crédule par bienveillance, enfantin dans les plaifirs, & prefque niais à force de candeur. C'était un admirable inftrument de converfation, de lecture où il excellait, optimifte en toute chofe & du plus aimable abandon dans le commerce habituel de la vie. Ma tante le gouvernait à la rigueur; c'était de ces gens qu'il faut avertir de fe lever, de fe coucher, de payer leurs domeftiques, un véritable enfant.

L'abbé de Montefquiou, autre grand efprit, ami intime de ma grand'mère, ne s'entendait guère avec M. de Lally que fur ces thèfes générales qui réuniffent les belles âmes & les fortes intelligences. Le paffé les féparait. L'un avait quitté la révolution de 1789 plus tôt que l'autre; aucun d'eux n'en avait compris les effets de la même manière, tous deux en maudiffaient les égarements pour des caufes différentes. L'abbé avait un efprit charmant; je ne fais s'il était toujours bien jufte, je crois qu'il avait des préjugés, mais la fource en était élevée, il les foutenait avec une éloquence à la fois originale & féduifante qui charmait quand même elle ne perfuadait pas. L'abbé de Montefquiou était né en province; fa famille, une des premières du midi de la France, y avait encore au début de la Révolution une exiftence prefque féodale, adoucie par cette paternité d'habitudes qui modifiait, à cette époque, dans tant de localités, les relations des claffes fupérieures avec les maffes. Élevé dans ces vieilles coutumes dont fon efprit obfervateur avait fu fignaler les abus, en prévoir la deftruction,

il ne prit à Paris ni les hardieffes philofo-
phiques ni l'efprit courtifan. Ses mœurs
ne furent pas auftères, mais fes principes
ne varièrent jamais. Il refta toute fa vie, fi
je puis m'exprimer ainfi, *provincial* dans
la meilleure acception du mot; c'eft-à-dire
un foutien de la vieille monarchie, un dé-
fenfeur des droits anciens de la nation,
prétendant retrouver la liberté dans le
paffé, au lieu de l'établir fur l'oubli du
paffé. Malheureufement pour lui, avec
une âme élevée & un efprit fupérieur, il
était homme d'engouement, difpofition qui
procure des amis & des ennemis ardents.
C'était le cas pour lui; ceux qu'il aimait le
lui rendaient avec paffion; rien n'égalait
alors le charme de fon commerce; mais
quand on ne lui convenait pas, on en était
traité de façon à ne jamais lui pardonner.
Son extérieur était auffi diftingué qu'a-
gréable : un vifage noble & délicat, des
yeux étincelants, un peu enfoncés fous un
front élevé, une expreffion à la fois per-

L

çante & douce; rien de gracieux, de caret-
fant comme fa voix, fon vifage, toute fa
perfonne quand il s'adreffait à ceux qui lui
plaifaient; rien de plus cruellement dédai-
gneux quand on lui était défagréable. La
pauvre Mme de Staël était une de fes aver-
fions. On prétendait qu'une fois, en dif-
putant contre elle, il l'avait fait pleurer.
Une amitié fraternelle uniffait l'abbé de
Montefquiou à l'abbé de Damas; ils furent
toute leur vie inféparables l'un de l'autre,
ainfi que de Mme de Simiane & de fes deux
autres frères : le comte, depuis duc de
Damas, aîné de la famille, & le comte
Roger, rentré en France feulement à la
Reftauration. Le comte de Damas, rentré
en France peu après le 18 brumaire, fe
faifait remarquer par une élégance militaire, & une grâce tout ariftocratique. Le
caractère particulier des Damas était un
abandon auffi naturel qu'original gouverné
par un tact exquis, & accompagné d'une
gaieté qui rendait l'exiftence avec eux non-

feulement agréable, mais ce qu'on peut appeler amufante. Je n'ai jamais vu perfonne favoir, comme Mme de Simiane & fes frères, donner une tournure dramatique à tous les incidents de la vie. Le comte Roger, que nous ne revîmes qu'à la Reftauration, était tout pareil; mais j'ai toujours trouvé l'abbé le plus charmant de tous, non-feulement par l'originalité de fon efprit, mais par la chaleur puiffante & communicative de fon cœur, & l'élévation de tous fes fentiments. De même que les natures fèches produifent l'ifolement partout, les âmes ardentes répandent autour d'elles la vie & le mouvement. L'abbé de Damas en était un exemple, perfonne ne reftait froid près de lui : cet aimable homme fans fortune, fans figure, fans pouvoir, était néceffaire à tout ce qui le connaiffait, & n'avait pas un moment à lui. Mme de Sévigné difait d'un ami dévoué *les* d'Hacqueville, c'eût été exact pour l'abbé de Damas. Sa vie fe doublait par le dévouement, fon cœur

fi tendre, fon âme fi naturellement exaltée,
fon imagination de feu, le tranfportaient
dans les peines ou les plaifirs de fes amis,
au point de leur faire croire qu'il les fentait
plus vivement qu'eux-mêmes. Il avait enfin
le premier de tous les dons, la fympathie, ce
charme indéfiniffable fans lequel le mérite
eft fec, la grâce froide, la fupériorité défagréable, la bonté même fans attraits. Cet
attribut divin m'a paru toujours plus ré-
pandu parmi les perfonnes du temps paffé
que chez celles d'aujourd'hui, & la raifon
en eft fimple : on plaçait alors le plus grand
plaifir de la vie dans les relations de la fociété; cette fociété était toujours choifie,
& fouvent reftreinte; il en réfultait une
forte de befoin réciproque les uns des autres
qui rendait gracieux par égoïfme. Les
mœurs ont changé. Celles de notre époque
ont amené un ifolement dans les habitudes, effet naturel de caufes plus graves
qu'il ferait trop long d'analyfer. L'intimité
eft remplacée par la foule. Ces affemblées

nombreufes, en ufage aujourd'hui, pro-
curent le plaifir fauvage de fe fentir entouré
fans être en rapport avec perfonne. Rien
de plus favorable à la médiocrité que cette
forte d'incognito, & comme partout la
médiocrité eft le grand nombre, & que,
par un reflet de nos mœurs politiques, la
majorité fait partout la loi, cette trifte majorité impofe fes mauffades habitudes aux
efprits d'élite que la foule importune & fa-
tigue. Ceux-là, faute d'être compris, s'é-
loignent du monde, abandonnant ainfi l'empire qu'ils devraient exercer fur les ufages
& les mœurs. Ma grand'mère dans un
autre temps aurait été un tribunal de fociété dont les arrêts euffent fixé le goût de
la jeuneffe. Retirée du monde avant l'âge,
elle fe borna à charmer un petit cercle
d'amis affez heureux pour l'apprécier, dont
les uns s'éteignirent avec elle, quelques
autres vivent aujourd'hui de fes fouvenirs,
avec une forte de regret de l'avoir connue.
Quand ce cercle fi reftreint, s'augmentait

de quelque nouvelle connaiſſance, elle ſavait en tirer parti, & ſon commerce améliorait ceux qui étaient admis à en jouir. *Jamais*, diſait-elle, *je n'ai trouvé perſonne ennuyeux*; & quand on lui demandait ſa recette, elle aſſurait avec vérité que *perſonne n'eſt ennuyeux en parlant de ſoi*. Les gens les plus bornés ſont imprévus quand ils ſe racontent de bonne foi : mais pour les y amener, il faut ſavoir attirer la confiance, & ma grand'mère y excellait. Son infatigable bienveillance ſe faiſait ſentir dès qu'on l'approchait. Son eſprit, auſſi aimable que ſon caractère, lui préſentait tout d'abord le bon côté de tout le monde, & elle approuvait ſi juſte, qu'elle flattait ſans que ſa franchiſe en ſouffrît. Cette charmante facilité était en elle une originalité réelle. Il eſt ſi triſte & ſi commun de trouver le mauvais côté de tout! Elle ſavait inſpirer ces heureuſes diſpoſitions autour d'elle, & on ſe ſentait toujours meilleur & plus aimable quand elle était là.

Outre ce cercle intime dont je viens de parler, des parents, des amis moins anciens, l'entourèrent fucceſſivement de leurs foins. La princeſſe de Chalais, ſœur cadette de cette première amie de ma grand'mère, la ducheſſe de Sully, & liée d'enfance avec Mme de Simiane, devint inféparable de toutes deux. C'était une perfonne d'un mérite grave & d'un efprit férieux, dont le cœur était ſi tendre qu'elle mourut long-temps avant ma grand'mère, d'une maladie cauſée par ſes inquiétudes pour la fanté d'un mari qu'elle adorait, & qui lui ſur-vécut. Le cardinal de Bauſſet, ſi connu par ſes deux beaux ouvrages ſur Boſſuet & Fé-nelon, était auſſi de nos intimes, & un des plus aimables. Il me traitait perfonnel-lement avec une bonté toute particulière. Les familles Talleyrand, Beauvau, Ca-raman, ſe groupaient auſſi autour de nous à la ville & à la campagne. Le fameux prince de Talleyrand ne venait jamais chez ma grand'mère. Il avait jadis voulu faire

faire un mariage à fa nièce qu'elle avait re-
fufé, pour accepter enfuite mon oncle; il
s'enfuivit une froideur de part & d'autre
qui reffemblait à une brouillerie, & qui
dura jufqu'à la Reftauration.] Ma grand'-
mère ne le regretta jamais. Ce perfonnage
ne lui avait jamais plu, elle avait trop de
droiture & d'élévation pour qu'il en fût
autrement. M. de Talleyrand était, outre
cela, ennemi ancien & caché de l'abbé de
Montefquiou; il l'accufait de l'avoir dé-
truit dans l'efprit de ma grand'mère,
comme fi lui-même ne s'était pas chargé
de ce foin. A l'époque dont je parle
nous ne voyions de fa famille que fes
deux frères. L'aîné, père de ma tante, confervait des reftes d'une beauté frappante &
célèbre. Il y joignait des manières exquifes,
un caractère facile & gai, ainfi que fon
troifième frère; lequel, quoique horrible-
ment fourd, était de la meilleure humeur
du monde. Ils étaient parents proches &
amis d'enfance des Damas, & faifaient à

merveille avec eux. Nous voyions fouvent
auffi, à Mouchy, le duc de Duras, fa
femme, perfonne fupérieure qui a laiffé de
charmants écrits, & fa refpectable mère,
fœur de notre grand-père. Celle-ci était,
comme on dit maintenant, un type entièrement fini. C'était l'ancien régime à l'état
de confervation le plus rare. Son bonnet,
fes allures, fa converfation, tout était refté
de l'autre fiècle. La vertu la plus pure,
l'âme la plus noble infpiraient toutes fes
actions; mais on avait parfois befoin de
s'en fouvenir pour ne pas fourire de fes
façons qui, aux yeux de notre génération
révolutionnaire, paraiffaient empruntées à
Molière. Elle me repréfentait le faubourg
Saint-Germain de l'ancien régime, dont
Mme de Beauvau était le faubourg Saint-
Honoré. Une piété auftère fe mêlait chez
elle aux habitudes de cour les plus invété-
rées. On voyait qu'elle avait paffé fa vie
entre l'églife & la cour, fans pour ainfi
dire avoir connu d'intermédiaire. Ses affe-

M

étions venaient pour elle tout de suite après Dieu, enfuite fes fouverains, tout fe bornait là, & les autres intérêts de ce monde ne lui arrivaient que fecondairement. Comme elle était douée d'un grand bon fens, elle fe réfignait à tout ce qui ne lui convenait pas, & comprenait même les progrès & les changements, quoiqu'elle n'en adoptât pas les formes. Toute fa vie elle dîna à deux heures, & refta vêtue comme on l'était dans fa jeuneffe ; mais elle s'amufait comme au fpectacle en obfervant la différence des mœurs actuelles avec celles de fon temps. Son auftère franchife lui donnait fouvent l'apparence de la dureté, fon cœur en était bien loin. Parents & amis la trouvèrent toujours tendre & dévouée ; ma grand'mère entre autres, malgré leurs différences de manière de faire & de penfer, lui fut toujours chère, & lui infpirait un attrait qui prouvait la délicateffe de fon goût. D'autres parents plus éloignés rendaient auffi des foins à ma

grand'mère; mais nos liens les plus étroits
& les plus chers étaient, & font toujours
reftés, mon beau-frère Noailles, dont les
perfécutions de l'Empire ,nous privèrent
promptement après mon mariage, fa fœur
Mme de Vérac, le mari de celle-ci, & plus
tard, nos coufins, le duc & la ducheffe de
Noailles. Leur affeftion héréditaire fait encore aujourd'hui le bonheur de mes enfants & le mien. Toutes ces perfonnes, depuis notre reprife de poffeffion de Mouchy
en 1804, y paffèrent conftamment avec
nous une partie de l'été ou de l'automne.
Ces féjours étaient charmants : nos parents
nous permettaient d'y engager nos amis,
auffi étions-nous fouvent beaucoup de
monde ; mais je remarquais que la gaieté,
le mouvement, enfin la vivacité de la vie,
nous venaient toujours des perfonnes âgées.
Nous avions befoin d'elles pour nous
mettre en train, & de ma grand'mère avant
tout. Perfonne n'a jamais allié comme elle
l'abandon & la reftitude méthodique dans

toutes fes habitudes; elle devenait par là nécesfairement centre. On favait à toute heure ce qu'elle faifait, & où on la trouverait; le vague & le découfu fi odieux partout & furtout à la campagne, n'exiftaient jamais où elle était; fes moments étaient partagés avec une raifon exquife entre l'occupation & la fociété. Dès fa jeuneffe, elle eut le befoin de quelques heures de folitude dans la journée : J'ai dit plus haut qu'elle avait complétement refait fon éducation depuis fon mariage; on pourrait dire que ce travail dura jufqu'à fa mort par ce befoin de perfectionnement qui n'appartient qu'aux natures privilégiées. Son efprit à la fois réfléchi & communicatif aimait prefque également à fe replier fur lui-même, & à interroger celui des autres. Ses heures de retraite la ramenaient toujours à la fociété avec de nouveaux tréfors à répandre dans la converfation. Son heureux caractère la fervait en tout; les amufements les plus communs la divertiffaient, toute lecture avait le don de l'intéreffer, perfonne ne fentait mieux la mufique; elle aimait le jeu avec une vivacité qui le faifait aimer aux autres, enfin, elle portait fur tout une faculté d'intéĭet qui mettait pour ainfi dire le feu à ce qu'elle touchait. Si quelque raifon d'affaire ou de fanté l'éloignait de nous aux heures où nous avions coutume de l'entourer, nous étions mornes & ennuyés uniquement parce qu'elle n'était pas là; & ceci jufqu'à fa mort. Il n'y eut jamais une perfonne fi encourageante; on faifait tout mieux quand elle était là. Je n'ai vu qu'elle flatter autant par fon approbation, en étant fi facile à fatisfaire. Qu'on était heureux, qu'on était fier de fes louanges! avec quelle bonne foi elle admirait! avec quelle grâce elle favait l'exprimer! Quelle perte qu'un tel fuffrage! Il femble qu'on perde avec lui le courage de bien faire; la vie n'eft plus éclairée, pourquoi agir dans les ténèbres?

Le premier nuage qui vint troubler ce

bien-être reconquis depuis le 18 brumaire,
fut la perſécution dont mon beau-frère
Noailles fut l'objet, & qui le força de s'ex-
patrier pendant les trois dernières années
de l'Empire. Les différends de Napoléon
avec la cour de Rome & la captivité du
pape qui en réſulta, avaient amené un mé-
contentement qui fut bientôt réprimé avec
la ſévérité impériale. Mon beau-frère eut
un courage à peu près unique à cette
époque; il réſiſta! & fut obligé de quitter
la France, malgré les efforts de mon mari
pour déſarmer la colère du maître. L'amitié
des deux frères ne ſouffrit jamais de leur
différence de ſituation; ils s'entendaient ſi
bien ſur l'eſſentiel! Mon mari paſſionné
pour ſon état, & par conſéquent grand
admirateur de Napoléon, était cependant
bien loin de l'approuver en tout. Il était
reſté auſſi pieux que ſon frère, & ſavait
faire reſpecter ſa croyance par des camarades qui ne la partageaient pas. Notre
intérieur ſe trouvait ainſi diviſé entre mon

oncle & mon mari, attachés au régime impérial, & mon grand-père, mon
père, & mon beau-frère, partiſans cachés
de la maiſon de Bourbon. La bonne intelligence de notre famille n'en ſouffrit jamais : tous ſes membres voulaient le bien
ſous quelque forme qu'il ſe produiſît. Leurs
diſcuſſions ne pouvaient donc jamais devenir amères ou déraiſonnables; il était
d'ailleurs aſſez difficile de parler politique
ſérieuſement devant mon grand-père, qui
nommait habituellement le héros du jour,
le *tigre*, la *hyène*, le *monſtre*, &c. Bientôt,
hélas, il ramena tout le monde à ſon avis.
La campagne de 1812 révolta juſqu'aux
ſéides de l'Empire. Le naufrage immenſe
de toute la jeuneſſe françaiſe nous atteignit
douloureuſement. Je devins veuve au mois
de novembre 1812, après trois années de
mariage; preſque en même temps Mme de
Simiane perdait à Cirey cet aimable abbé
de Damas, l'âme de ſon intérieur, & une
des joies du nôtre. Ce même hiver, mon

grand-père fut attaqué d'une maladie
grave. Je n'ai pas fouvenir d'un plus pénible temps que ces premiers mois de douleur fuivis d'une férie de malheurs publics
& particuliers. Ma grand'mère fouffrit
pour nous & avec nous. Mon veuvage la
touchait maternellement, & la mort de
l'abbé de Damas lui enlevait pour ainfi dire
le bonheur de Mme de Simiane dont le fien
était inféparable. Nous vécûmes donc de
trifteffe & d'indignation jufqu'en 1814.
Enfin arriva la Reftauration, & avec elle
celle de notre famille. Nous remontâmes
fur le trône avec les Bourbons. Ma grand'-
mère jouit profondément de revoir les
princes en qui revivait le fouvenir de
ceux qu'elle avait chéris; mon grand-père
était ivre de joie, ainfi que mon père; je
le fus comme eux. Depuis la mort de mon
mari, la chute de Napoléon était le but de
tous mes vœux; je regardais l'Empereur
comme un bourreau, & fon ambition
comme une guillotine en permanence. Nos

princes me femblaient des vengeurs divins
qui nous apportaient le bonheur & l'oubli
de nos maux. Cette opinion fut un lien de
plus entre ma grand'mère & moi, furtout
dans les premiers moments du gouvernement nouveau. Plus tard, elle me trouvait
trop févère pour nos pauvres princes, que
je jugeais avec l'efprit d'examen de mon
temps; cependant, elle-même, comme il
appartenait à la jufteffe de fon efprit, s'attacha bientôt au fyftème de royalifme mo-
déré repréfenté par le miniftre Richelieu;
opinion qui admettait le ralliement de tous
les partis à la monarchie légitime, en oppofition à l'emploi exclufif de ceux qu'on a
appelés depuis les ultra-royaliftes.

Le falon de ma grand'mère acquit nécef-
fairement plus d'importance fous le règne
de la branche aînée des Bourbons. Tous les
hommes de la famille fe trouvèrent placés
à la cour ou dans les affaires. Mon grand-
père, après avoir exercé la charge de capitaine des gardes pendant trois ans, obtint

N

du Roi de la faire paſſer à ſon fils aîné. C'é-
tait alors, comme il y a ſoixante ans, une des
premières ſituations de la cour. Mon grand-
père reſta pair de France, & gouverneur
de Verſailles & de Trianon. Mon oncle fut
ambaſſadeur en Ruſſie ; mon beau-frère, miniſtre plénipotentiaire au congrès de Vienne,
puis aide de camp de Monſieur, était, outre
cela, miniſtre d'État, député, chevalier de
pluſieurs ordres ; ma tante de Noailles, depuis ducheſſe de Poix, dame d'atour de
Mme la ducheſſe de Berry. Les amis de mes
parents avaient preſque tous retrouvé de
grandes ſituations ; moi qui n'étais rien, je
profitais des diſtinctions accordées à mes
entours, & ma vie s'animait des amuſements
de la cour & des débats de la politique. Nos
habitudes changèrent avec notre nouvelle
exiſtence : les hommes durent paſſer moins
de temps à la campagne, les femmes
même eurent de nouveaux devoirs à remplir. Mouchy fut donc moins habité, &
ceſſa enfin de l'être entièrement par ſuite

de deux événements : la mort de mon grand-père en 1818, après une longue maladie, & la cécité de ma grand'mère, dont les yeux, après s'être graduellement affaiblis pendant dix ans, furent enfin totalement perdus quelques années après. Elle fubit avec un courage héroïque deux opérations fucceffives qui manquèrent toutes deux, & fe réfigna enfin à la plus trifte des infirmités, avec cette fupériorité de l'âme & cette fageffe de l'efprit qui placent certaines organifations, faibles en apparence, au-deffus de toutes les crifes de l'exiftence. Sa vie, déjà méthodique, fubit de légères modifications, fi judicieufes & fi adroites, que fa cécité était à peine fenfible aux autres. La lecture tout haut & la converfation devinrent fes uniques diftractions, & elle en paraiffait fi fatisfaite, qu'on n'éprouvait jamais près d'elle cette pitié pénible qu'infpirent les maux fans efpoir. Nous dûmes nous féliciter alors que les douleurs de jambe qui avaient tant attrifté fa jeuneffe l'euffent habituée à être aidée dans prefque tous fes mouvements; elle fouffrit donc moins qu'une autre de cette pénible dépendance qui défole les aveugles ingambes & actifs. Sa matinée fut toujours confacrée à fa famille d'abord, puis une promenade en voiture; après quoi, elle s'enfermait pour dicter des lettres & fe faire lire tout ce qui paraiffait d'intéreffant. Les journaux, qui tiennent une fi grande place dans nos habitudes actuelles, lui étaient particulièrement utiles; elle fuivait par eux la marche des chofes les plus étrangères à fa vie, & s'en rendait maîtreffe avec une force d'intelligence qui étonnait. J'ai penfé fouvent que notre gouvernement repréfentatif avait animé & intéreffé fes dernières années. Ce mouvement politique à découvert lui rappelait fa jeuneffe, & elle trouvait dans les viciffitudes parlementaires une fource inépuifable de converfations, & même de difcuffions dont fon efprit fut avide tant qu'elle vécut. Le foir, fon falon ne défem-

pliffait pas : la cour & la ville s'y fuccé-
daient : fes anciens amis y étaient tous les
jours, les nôtres venaient nous y chercher,
& n'avaient pas befoin de nous y trouver
pour s'y plaire. La réception des vifites
ceffait à une certaine heure, & la journée
fe finiffait avec les intimes de tous les
temps, augmentés, depuis la Reftauration,
de quelques anciennes connaiffances ren-
trées en France avec la cour. Un homme
qui prit l'habitude d'y venir fouvent l'inté-
reffait au plus haut degré, ainfi que nous,
& avait le bon goût de s'en honorer :
c'était le célèbre comte Pozzo di Borgo qui
jouera un rôle fi important dans l'hiftoire
de notre temps. Je ne dirai rien ici de fon
perfonnage politique ; ce que j'aime à me
rappeler, c'eft l'attrait refpectueux qu'il
témoigna conftamment à ma grand'mère,
à qui il avait été préfenté par le comte
Roger de Damas. Du moment qu'il fut
admis dans notre intimité, il en devint un
membre précieux par la force & l'origi-

nalité de fon efprit. C'était un bel homme
de fon âge, toujours vêtu avec une fim-
plicité qui ne manquait pas d'élégance, &
qui prouvait fon bon goût en toute chofe.
Supérieur avec bonhomie, racontant en
peintre les immenfes événements auxquels
il avait pris part, mettant les confidé-
rations les plus graves à la portée de la frivole jeuneffe, & s'en faifant écouter avec
plaifir, grâce à fa gaieté méridionale & à
fon langage pittorefque & familier. Sachant
à fond tout ce qu'il n'avait pas eu le temps
d'étudier, difant feulement ce qu'il voulait
dire, mais paraiffant toujours entraîné.
Enfin un tréfor de converfation, malgré
les réticences de la diplomatie, lefquelles,
au refte, comme je l'ai fouvent remarqué,
diffimulent rarement la véritable marche
des affaires. Les hommes d'État cachent
leurs penfées, mais ne réuffiffent pas à dominer leurs impreffions. Le comte Pozzo
avait auffi un lien avec nous, c'était notre
commun attachement pour le duc de Ri-

chelieu, cet homme fincère & refpectable,
à la fois chevalerefque & libéral, trop
confciencieux pour fon temps, & dont
l'efprit n'était pas affez adroit pour fe faire
pardonner fon honnêteté. Il m'honorait de
fon amitié, & fe plaifait chez mes parents,
où il trouvait une approbation que d'autres
avaient la fottife de lui refufer. Il rencon-
trait chez nous M. de Lally, toujours en-
flammé de l'amour du bien; l'abbé de Montefquiou, juge éclairé des affaires, dont il ne
fe mêlait plus; mes deux beaux-frères, tous
deux vifs, fages & aimables, chacun à fa
manière; le cardinal de Bauffet, efprit fupérieur fous des formes douces & gracieufes.
Le duc de Noailles, dont le talent oratoire
ne s'était pas encore révélé, commençait à
poindre, & ma grand'mère l'avait deviné.
Elle aimait auffi fa femme, charmante perfonne que fes malheurs ont éloignée du
monde depuis. Quelle réunion que celle de
ces mérites divers! Tout y était beau &
bon; on ne reverra plus de femblables in-

timités. Toute diffipée que j'étais, elles me
charmaient, & me font toujours préfentes.
C'était là la vie de Paris pendant fix mois ;
le refte de l'année fe paffait au Val, belle
& agréable habitation dans la forêt de
Saint - Germain qui venait à ma grand'-
mère de Mme de Beauvau. La pofition en
était délicieufe, & fa proximité de Paris
convenait à ma grand'mère, parce qu'elle
s'y trouvait à portée de fon médecin. Ce
lieu lui plaifait pour mille raifons; les fouvenirs de fa jeuneffe, ceux de fes parents,
de leurs amis & des fiens, tout y avait
laiffé des traces qu'elle aimait à retrouver.
Elle s'y fentait comme entourée d'une
population invifible avec qui elle feule
pouvait communiquer. Ces dernières années de notre vie de famille furent encore
charmantes. Nulle part ma grand'mère
n'était plus aimable qu'au Val. Elle s'y fentait chez elle, & cette penfée doublait fon
envie de plaire. Le Val étant à cinq lieues
de Paris, les vifites y abondaient, tant pour

De reproduction de photo Hachette   Imp. Lemercier. Paris

elle que pour nous. La petite ville de Saint-Germain, de tout temps dévouée aux Noailles & aux Beauvaus, fourniffait fa part de vifiteurs qui nous ennuyaient quelquefois; mais la bonté de ma grand'-mère en tirait parti. Souvent, fa foirée était une forte de petite cour; il y avait toujours foule pour faire fon loto; ce jeu était le feul qu'elle pût jouer, & il l'a-mufait à l'excès. Nous l'aimions pour lui faire plaifir. Les petits voifins de Saint-Germain le faifaient avec orgueil, & nos amis s'en divertiffaient par fuite de cet agrément qui s'attachait à tout ce qui fe paffait autour de ma grand'mère. Au total, il régnait conftamment dans ce lieu un mouvement auquel chacun était heureux & fier de s'affocier, parce qu'on fentait que tout fe rapportait à un feul but, celui de diftraire & d'intéreffer une perfonne auffi féduifante que refpectable. La plus fingu-lière & la plus honorable des vifites que nous viffions arriver au Val, c'était celle

O

que le roi Louis XVIII y faifait tous les
ans. Ma grand'mère avait ceffé de lui
rendre fes devoirs depuis fa cécité (avant
cette époque le Roi la recevait dans l'intimité avec quelques autres anciennes connaiffances à certains jours de l'année),
mais quand elle eut perdu les yeux, elle
ne fortit plus que pour fe promener; le
Roi auffi gracieux qu'elle, imagina de s'en
dédommager en dirigeant tous les ans, à un
certain moment de l'été, fa promenade en
voiture du côté de la forêt de Saint-Germain, faifant une paufe de vingt minutes à
la grille d'entrée du château. Le lieu prêtait admirablement à cette entrevue folen-
nelle & brillante : c'était une large peloufe
qui formait une forte d'avenue à la façade
du Val. Nous étions prévenus la veille, &
nos gens fe mettaient en campagne dès
le matin pour n'être pas furpris. Du plus
loin qu'ils apercevaient l'efcorte royale,
ils accouraient à toutes jambes mettre ma
grand'mère en calèche; elle s'avançait ainfi

à la rencontre du Roi, & l'attendait arrêtée dans fa voiture. On voyait alors briller au foleil les cafques des gardes du corps; l'ef- corte fe déployait le long de la futaie, & le carroffe à huit chevaux arrivait à toute bride pour s'arrêter court à côté de la ca- lèche. Ordinairement le Roi avait la bonté de placer fa vifite pendant le quartier de mon père, qui fe trouvait ainfi préfent à l'entrevue, le refte de la famille était à pied groupé autour des voitures. Les curieux des environs accourus de toutes parts, regardaient avec ébahiffement cette con- verfation en plein air, dont ils ne perdaient pas un mot, grâce à la voix perçante du Roi & à la néceffité pour tous deux de parler très-haut. Je n'oublierai de ma vie ce fingulier fpectacle, ainfi que les belles manières du fouverain & de celle qu'il honorait de fa pompeufe intimité. Notre tante de Duras, avec fes vieilles habitudes de cour, & fon bonnet carcaffé, fe tenait debout, faifant alternativement la conver-

fation & la police autour d'elle. Nous étions
appelés fucceffivement pour prendre notre
part de cet honneur; même ma fille, encore tout enfant, était portée dans le carroffe du Roi pour y être embraffée.

Louis XVIII, ainfi qu'on le fait, était
aimable comme un feigneur & comme un
académicien : tout ce qu'il difait femblait
écrit d'avance & prefque toujours mêlé de
citations. Quand M. de Lally fe trouvait là,
il y avait entre eux affaut de mémoire. Rien
de fi ancien, de fi noble que ce fpectacle.
Louis XIV femblait revenu dans ce féjour
créé par lui, & infpirer les aimables paroles
de fon defcendant. Comme dans toutes les
occafions folennelles, il s'y mêlait quelquefois des incidents rifibles. Un jour que le
Roi arriva un peu plus tôt qu'on ne s'y
attendait, ma grand'mère fut jetée en voiture à la hâte, & partit fans attendre notre
tante la princeffe de Craon qui ne pouvait
marcher par fuite d'une chute; fon vieux
valet de chambre, défefpéré de la voir en

retard, la faifit & l'emporta en courant jufque fur la peloufe, & la fourra dans la calèche, plus morte que vive, un moment avant l'arrivée du Roi.

Nous étions en général au Val avec nos enfants tout le temps du féjour de ma grand'-mère, environ fix mois; toutefois, lorfque quelque raifon d'amufement ou d'affaire nous éloignait d'elle, nous la laiffions non fans peine, mais avec fécurité, dans la fo-ciété d'une de nos tantes, la princeffe de Craon, qui s'était dévouée à elle quelques années après la mort de mon grand-père; elle amenait avec elle une perfonne qui de-vint pour nous tous une amie intime, & pour ma grand'mère la plus agréable de toutes les reffources. C'était Mlle d'Alpy, élevée par la princeffe de Craon veuve de ce frère du maréchal de Beauvau fi ai-mable & fi extravagant. *Bonne*, c'était le nom de cette charmante perfonne, paffait pour la fille pofthume d'un vieux ami de notre tante. Adoptée par elle, elle ne la

quitta jamais, & fut la douceur & la confolation de fes vieux jours. Si, comme la
médifance l'affurait, *Bonne* était le fruit
d'une tendre faibleffe de l'ami de notre
bonne tante, celle-ci pouvait bien dire
felix culpa! car elle dut le bonheur d'une
grande partie de fa longue vie à cette aimable perfonne. On trouvait en elle tous
les charmes de l'efprit & du caractère joints
à ce qui eft plus rare encore, une âme
élevée & un cœur fenfible. Nous l'avons
vue pendant des années au milieu de nous
remplir le rôle le plus délicat dans une
famille nombreufe, celui d'amie intime,
& le remplir toujours pour notre bien,
comme pour la joie de notre grand'mère.
Elle fut lui adoucir la perte fucceffive de
la plus grande partie de fes anciens amis,
& nous aida à lui faire fupporter l'abfence de Mme de Simiane, qui finit par
ne plus fortir de Cirey. Après la mort de
fes deux frères & celle de l'abbé de Montefquiou, le féjour de Paris lui devint

MANOIR DU BREUIL

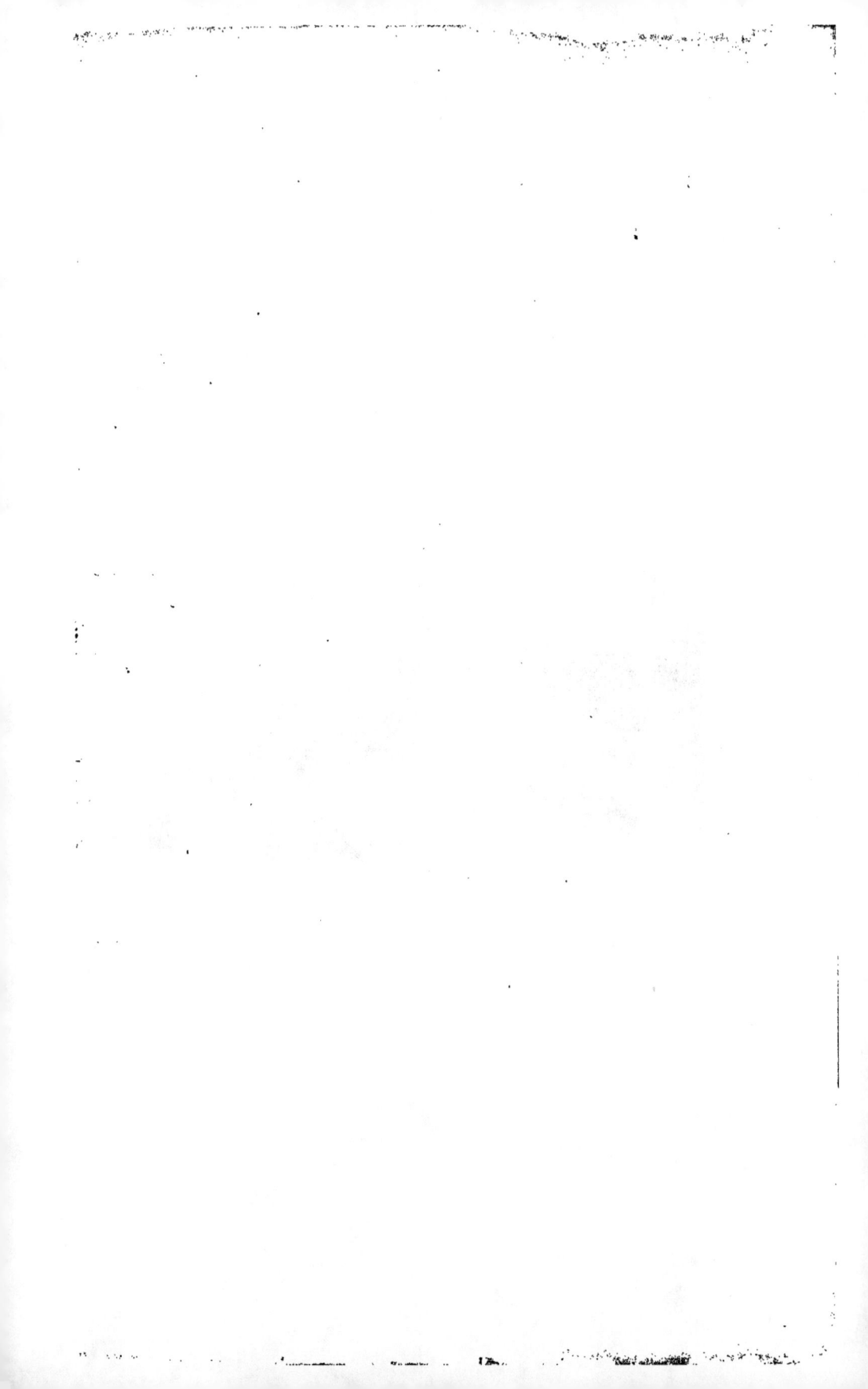

odieux. Cirey, où elle était entourée de
tombeaux, mais où fon immenfe bienfai-
fance lui créait encore des intérêts, convenait à fon découragement & à fa mauvaife fanté. La révolution de juillet confirma
& accrut fes répugnances. Ma grand'mère
était fon unique lien dans ce Paris où
tout était changé pour elle : ces deux amies
fi tendres finirent leur vie féparées; mais
pendant les années d'abfence qui précédèrent leur fin, elles s'écrivirent avec
une confiance & une régularité qui anéan-
tiffaient pour ainfi dire l'éloignement.
Mme de Simiane, du fond de la Cham-
pagne, femblait toujours préfente dans
notre intérieur. La ponctualité de fa cor-
refpondance & mille communications in-
directes, mais journalières, liaient fa vie
à la nôtre. Nous parlions d'elle comme fi
elle eût été au milieu de nous la veille, ou
que nous duffions la voir le lendemain,
tant elle était ingénieufe à fe rappeler non-
feulement à fon amie, mais à nous qu'elle

traita jufqu'à fa mort avec une affection toute maternelle! Elle mourut quelques mois avant ma grand'mère, qui, elle-même, ne furvécut pas plus de trois ans à la révolution de juillet. Elle la vit avec indignation & douleur; mais un bien plus grand malheur empoifonna fes derniers jours, ce fut la mort prefque fubite de mon père. Cette mort précéda la fienne de neuf mois, pendant lefquels, comme ces clartés qui ne font jamais fi vives qu'au moment de s'éteindre, elle nous donna le plus beau de tous les fpectacles en voyant venir la mort fans illufion & fans crainte. Les trois jours qui précédèrent fa fin furent fublimes; elle femblait affifter à fa propre deftru-ction, & en fuivre les funeftes progrès. Il y avait bien des années qu'elle était revenue non-feulement aux principes, mais aux pratiques de la religion. Elle en donna publiquement l'exemple à fa mort, nous fit affembler autour d'elle, & lorfque nous eûmes reçu fes adieux & fa bénédiction,

elle remplit fes derniers devoirs, demanda
elle-même fucceffivement les prières d'u-
fage, & expira enfin après une courte
agonie, terminant ainfi une vie de quatre-
vingt-quatre ans à laquelle le public, fa
famille, & fes amis n'ont eu à donner que
les mêmes éloges & les mêmes regrets;
exemple bien rare, & dont nous devons
être fiers après en avoir été heureux.

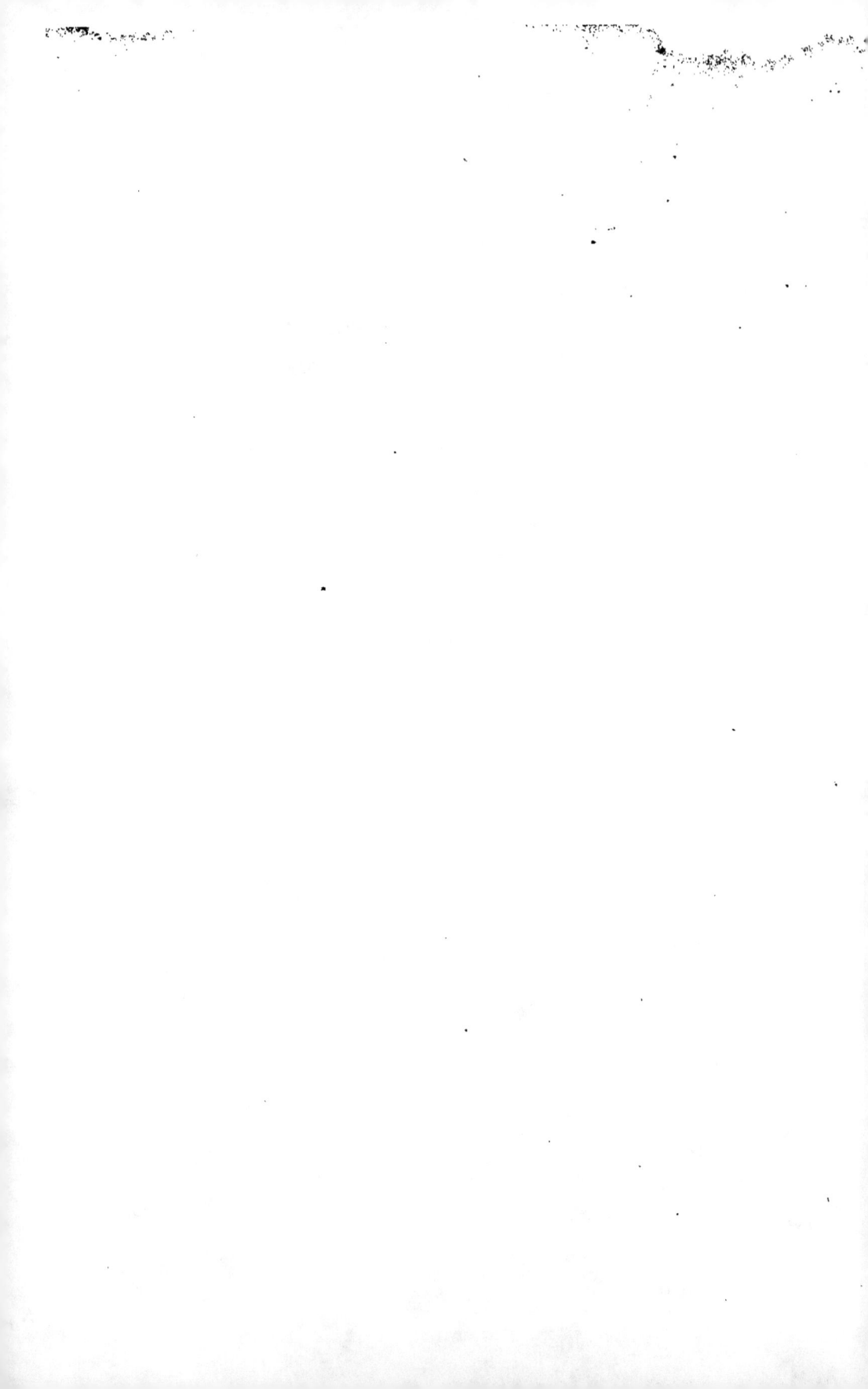